顏色
在西班牙炙熱耀眼的陽光下大鳴大放
放下手中的相機
拋開那小小螢幕
單純感受
來自濃烈色調中的狂野與浪漫

--- 我是用心體會的楊比比

濾鏡是工作效率與照片特色中的平衡

2016 年 3 月 24 日 Google 免費開放旗下最受歡迎的 Nik 系列濾鏡，消息快速的在攝影界中傳開，一天之內，楊比比部落格湧進數萬人次，透過連結下載濾鏡；網路上稱 Google 免費提供下載的行為是，開倉派米、佛心賑災。

「下載 Google Nik 了嗎？」成為這段時間攝影界最熱門的話題。

Google Nik 瞬間竄紅，為了能讓攝影夥伴能掌握濾鏡所提供的速成性，楊比比將 Photoshop 所有適合攝影師使用的濾鏡與 Google Nik 結合，分類整理出「智慧型物件→套用濾鏡→重複編輯濾鏡參數→控制濾鏡作用範圍→調整濾鏡強度」的套裝行程，省略 Photoshop 圖層間繁瑣冗長的操作程序，專注運用濾鏡，展現更自然的色調與風格；相信只要攝影夥伴能依據楊比比建議的步驟與程序，便能透過濾鏡，在效率與特色中找到最佳平衡點。

書內常用詞彙

楊比比阿桑習慣用「單響」、「雙響」取代點擊之類的名稱，請同學適應。

單響：左鍵點一下指定功能。　　雙響：指定功能上快速按兩次左鍵。

歡迎加入楊比比 部落格

楊比比．楊 三十七度半 部落格：每周一分享最新教學，歡迎加入！
部落格位置 http://yangbibi375.blogspot.tw/

信箱：yangbibi37.5@gmail.com
臉書：https://www.facebook.com/photoshopyangbibi

隨書光碟內含影音教學分享

使用 Adobe Bridge 開啟檔案	Camera Raw 進入 Photoshop
Photoshop 環境介面控制	Photoshop 前景色 / 背景色
學會控制圖層面板	超重要！步驟紀錄面板
濾鏡遮色片最需要筆刷工具	智慧型物件圖層與點陣圖層
透過拷貝新增智慧型物件	銳利化批次處理（包含另存為 TIF）

★ 請先將隨書光碟中的範例檔案，複製到電腦硬碟後再開始練習，謝謝合作！

感謝支援本書的攝影夥伴

攝影師：洪 懿德

攝影師：莊 祐嘉

本書作者：楊比比

Chapter 1

Photoshop 就該這樣 開始濾鏡

學習重點：套用濾鏡的標準程序

Chapter 2

Photoshop 鏡頭濾鏡

學習重點：廣角魚眼變形 / 抑制照片雜點 / 提高影像清晰 / 濾鏡作用範圍

Chapter 3

Photoshop 光圈景深濾鏡

學習重點：動態追焦 / 大光圈變焦 / 移軸模糊特效 / 背景模糊收藏館

Chapter 4

Photoshop 藝術風格濾鏡

學習重點：數位藝術風 / 多重濾鏡收藏館 / 濾鏡對前景 / 背景色的特殊需求

Chapter 5

Google Nik 系列 Analog Efex Pro

學習重點：模擬傳統相機 / 各類底片 / 暗房沖洗照片重複曝光 / 刮痕、漏光、邊框

Google Nik 系列 全方位數位暗房特效濾鏡

學習重點：Color Efex Pro 2 / Silver Efex Pro 2

Chapter 7

Google Nik 發掘濾鏡的無限可能

學習重點：Dfine 2 / HDR Efex Pro 2 / Sharpener Pro 3 / Viveza 2

01 Photoshop 就該這樣開始濾鏡

2016/06/06, 05:30pm Nikon D610 馬德里近郊 白色風車村
1/2000 秒 f/4 ISO 100 海拔 823.14m Photo by 楊 比比

Adobe 系統
需要的相片編輯軟體

Adobe 有兩套主要的修片系統：Lightroom 與 Photoshop（哪一套好？）這就很難比了，只能說擁有圖層控制的 Photoshop，操作彈性與編輯範圍比 Lightroom 更廣。先來看看 Photoshop 系統所需要的工具軟體吧！

請準備好這些工具軟體

Adobe Bridge CC
Camera Raw 9.6（或更新）
Photoshop CC 2015（或更新）

什麼是 Adobe Bridge？

Adobe 系統的檔案總管，能辨識 Adobe 旗下所有格式，以及各相機廠牌最新的 RAW 格式（不會只跑個小縮圖出來）；Adobe 建議使用 Photoshop 編輯數位照片，必須由 Bridge 開始（去把軟體挖出來吧！）。

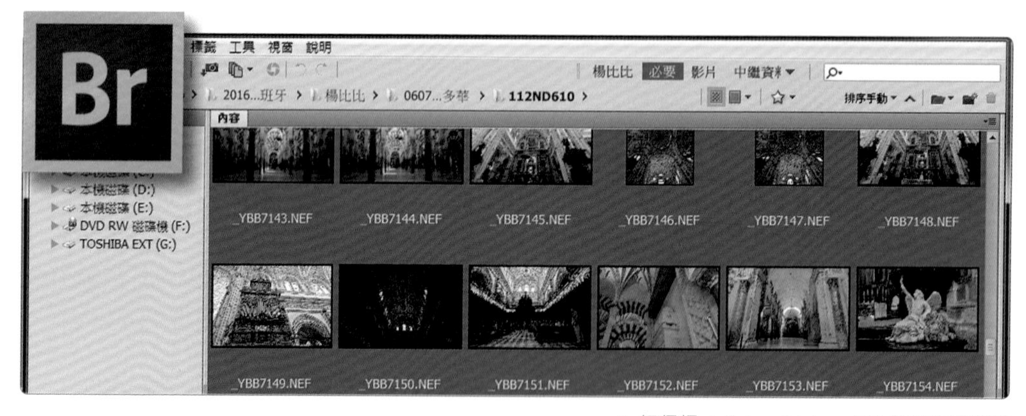

▲ 記得把 Adobe Bridge CC 挖出來裝好喔

Camera Raw 是什麼？需要另外安裝嗎？

Camera Raw 能以最細膩、專業的運算方式處理同學們手中的 RAW 與 JPG 格式；並且能同時處理數百張照片，是 Adobe 主推的數位照片編輯軟體。

Camera Raw 不需要另外安裝，它屬於 Photoshop 與 Bridge 程式的一部分，只要電腦中有 Photoshop 與 Bridge，就會有 Camera Raw。

楊比比推薦
數位照片處理程序

一張原始的 RAW 檔案，是怎麼樣成為 Facebook 中精采絕倫，讓人忍不住想點十幾次讚的照片呢？楊比比不見得能猜出每位攝影大師的編輯步驟，但仍然能抓出必要的處理程序，同學們！一起來看看吧！

步驟一、Adobe Bridge 開啟檔案

Adobe 建議的第一個程序；Bridge 能依據檔案類型分配軟體，並能辨識所有 RAW 格式，也請同學一定要裝好 Bridge，由此開始進行照片編輯。

步驟二、Camera Raw 中編輯曝光與色調

還記得 Camera Raw 的編輯流程吧（來！複習一次）鏡頭校正→裁切構圖→曝光控制→色調處理→特殊效果。一共五個程序（Yes）！

步驟三、以智慧型物件模式進入 Photoshop

步驟三就是這本書的重點，Camera Raw 曝光與色調編輯完畢，就能進入 Photoshop 加上濾鏡，千變萬化的濾鏡，絕對是展現照片質感的最佳利器。

Camera Raw 一步到位的關鍵技法

這本書沒有篇幅討論上述的「步驟二」也就是以 Camera Raw 程式進行曝光與色調編輯程序，需要這方面資訊的同學，請參考<u>楊比比的風景攝影後製專修：Camera Raw 一步到位的關鍵技法</u>。

楊比比在書中分享，由色階調整照片的曝光、色調、以及頂尖攝影師使用 Camera Raw 的五個標準程序，並提供玩家專用的局部編修及特殊效果，非常實用！

什麼是 Photoshop 濾鏡？

濾鏡就像是手機上處理照片的 APP，能改變照片的色調與風格，例如將彩色照片轉為黑白、改為單色、或是把照片搞得很破舊、弄點裂痕、加上個表情貼紙；這些對照片動些手腳的工作，就是濾鏡的任務。

Photoshop 濾鏡是很簡單的

點頭。Photoshop 中套用濾鏡並不難，但有它自己的程序與節奏，跟手機不一樣，Photoshop 中的濾鏡非常細膩，是所有專業攝影人都非常喜愛的，就算是業餘玩家，也別錯過這些精采萬分的濾鏡特效。

▲ 漫畫風格：彩色網屏濾鏡

▲ Photoshop 濾鏡：光源效果

▲ Google Nik 特殊相機濾鏡

Photoshop
使用濾鏡的程序

重點來了，Photoshop 不是手機程式，不能套了濾鏡就閃人，我們依據自己的需求，並配合它的遊戲規則（畢竟程式是它們寫的），來進行濾鏡套用。現在就讓我們一起來看看，Photoshop 濾鏡套用的標準程序。

套用濾鏡的程序

照片是由許多小點所組成的（稱為「點陣圖」），控制這些小點，需要精密計算，也就是這些高精度的運算程序，把 Photoshop 的濾鏡推向高峰；也因為如此，使用濾鏡前必須經過這些步驟，才能讓濾鏡的執行更為順暢。

程序一、以智慧型物件開始

經由 Camera Raw 調整鏡頭變形、移除色差、改善曝光、色調之後，請以智慧型物件方式進入 Photohsop，智慧型物件能與 Camera Raw 維持聯繫保留參數，並保護照片不受濾鏡破壞的最佳方式。

程序二、調整照片尺寸

濾鏡是經由精密且全面的方式進行運算；照片越小、畫素越少，濾鏡執行的速度就越快，為了減少濾鏡運算的時間，建議同學依據輸出需求，先將照片縮小為需要的尺寸，再套用濾鏡。

程序三、套用濾鏡

Photoshop 中所有能提升攝影作品的濾鏡，楊比比都會談到（那些過於老舊，幾十年都沒有改善的濾鏡就跳過吧）；還有 2016 免費開放下載的 Google Nik 濾鏡，這可是大熱門，千萬別錯過喔！

程序四、控制濾鏡強弱與作用範圍

很重要吧！濾鏡套用後效果太強烈？範圍太大？或是需要進行數位混合（類似於疊圖）該怎麼做？在這個階段我們將會學到超級厲害的圖層遮色功能，能精準控制濾鏡作用區域，期待吧！

智慧型物件
進入 Photoshop

適用版本　Adobe Photoshop CC2015
參考範例　Example\01\Pic001.DNG

書裡面使用的範例格式多為 DNG，這是一種同學比較陌生的格式，DNG 是 Adobe 專用的 RAW 格式，類似於 Nikon 的 NEF、Canon 的 CR2。

學習重點

1. 由 Adobe Bridge 中開啟 DNG 格式，進入 Camera Raw。
2. 由 Camera Raw 程式中，以智慧型物件方式進入 Photoshop。
3. Photoshop 中裁切特定比例，並縮小檔案尺寸。

A＞由 Bridge 中開啟檔案

1. 開啟 Adobe Bridge
2. 開啟檔案資料夾 Example\01
3. 單響 Pic001.DNG
4. 在 Camera Raw 中開啟

範例檔案複製到電腦中

請同學將隨書光碟中的範例檔案，複製到電腦內部的硬碟中，方便操作，也少了光碟運轉的噪音（真的很大聲耶）。

濾鏡編輯程序（一）

B> 啟動 Camera Raw

1. 啟動 Camera Raw
   視窗上方顯示版本為 9.6
2. 基本面板顯示編輯數據
3. 按著 Shift 鍵不放
   單響「開啟物件」

看不到 Camera Raw 的版本？

單響「全螢幕」控制按鈕（或是按下「F」按鍵），就能由全螢幕轉為視窗模式，同學也能由標題列看到目前的版本。

C> 進入 Photoshop

1. 檔案開啟在 Photoshop 中
2. 開啟「圖層」面板
3. 圖層名稱為 Pic001
4. 縮圖表示智慧型物件圖層

找不到「圖層」面板？

Photoshop 所有的面板都放置在功能表「視窗」中；找不到面板嗎？現在，麻煩同學們單響功能表「視窗」，一定能發現圖層。

D> 特定比例裁切照片

1. 按著工具按鈕不放
   由選單中單響「裁切工具」
2. 比例選單設定為「16:9」
3. 拖曳調整裁切線
4. 單響「✓」結束裁切

裁切工具提供多種構圖方式

除了常見的三等份構圖之外，Photoshop 還提供了三角形、黃金螺旋線等多種構圖方式，非常靈活，我們等會兒試試。

濾鏡編輯程序（二）

E> 調整影像尺寸

1. 功能表「影像」
2. 執行「影像尺寸」
3. 解析度為「96」像素 / 英吋
4. 指定單位為「像素」
5. 寬度「1920」
   高度自動等比例調整
6. 單響「確定」按鈕

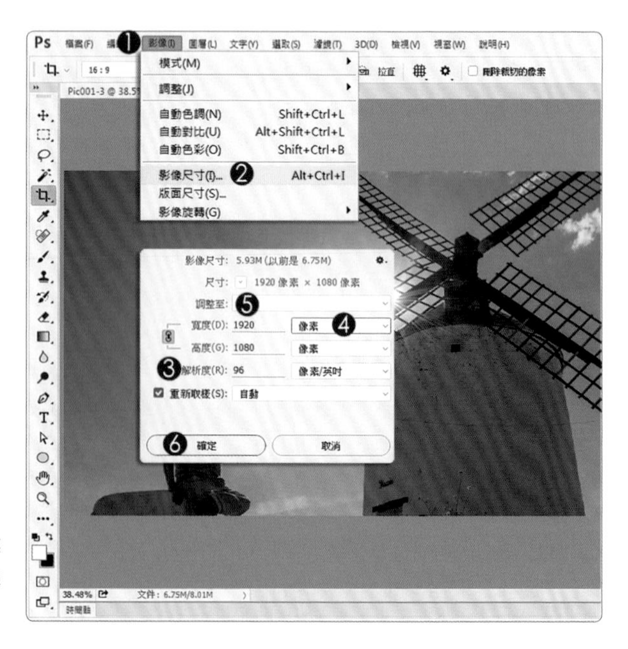

調整程序為：解析度 →單位 →寬度

請先依據影像的輸出需求輸入解析度（螢幕觀看：72-96 / 沖洗印刷：300）再指定「單位」，最後才設定「寬度」、「高度」。

F> 調整照片曝光

1. 雙響圖層縮圖
2. 進入 Camera Raw
3. 提高曝光度「1.25」
4. 單響「確定」按鈕
   回到 Photoshop 中

智慧型物件與 Camera Raw 保持聯繫

這份聯繫方便我們隨時回到 Camera Raw 控制曝光與色調，非常靈活。對於 Camera Raw 不熟的同學，可以參考楊比比的書喔！

G> 關閉檔案

1. 單響檔案標籤旁的「x」
2. 顯示關閉檔案的提示
3. 單響「否」按鈕
   不做任何變更

問一下，什麼是「單響」？

新同學你好，楊比比寫書的習慣，左鍵按一下，稱為「單響」；左鍵快速連按兩次，則稱為「雙響」，報告完畢！還沒下課。

建立
特定比例的裁切範圍

楊比比不是學術派攝影人，習慣依據感覺拍照，但「感覺」實在太抽象，所以 Photoshop 的裁切覆蓋方式，便成為很好的依循標準；現在讓我們一起來看看裁切工具所提供的特定裁切比例，與構圖覆蓋方式。

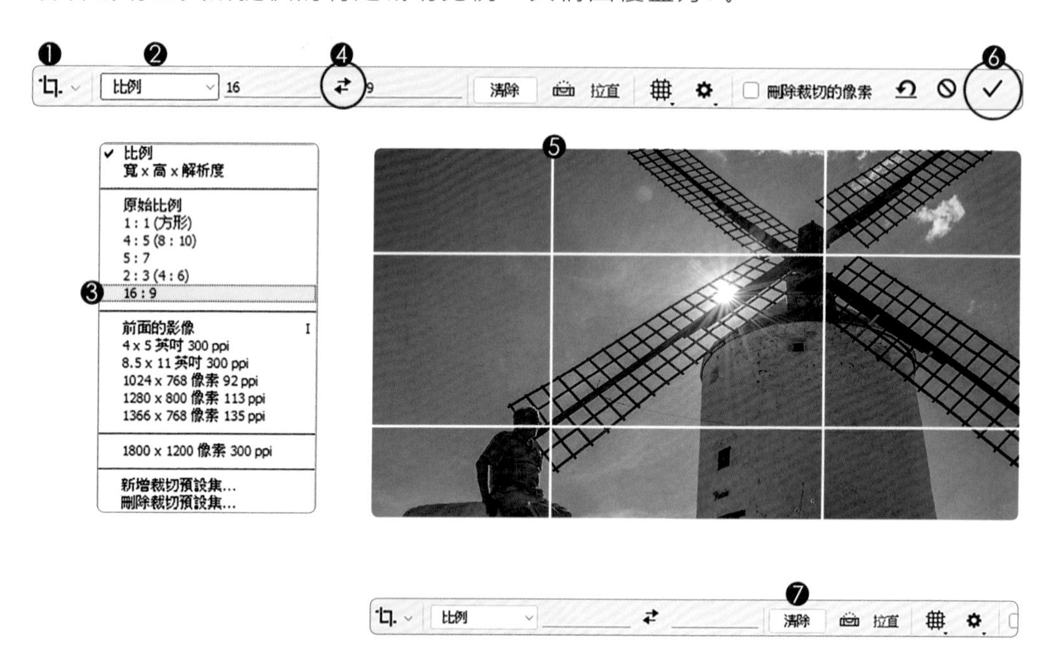

指定裁切比例為 16:9

1. 單響左側工具箱「裁切工具」，視窗上方顯示工具選項列
2. 單響「比例」選單
3. 選單中選取「16 : 9」項目 (選項列欄位中顯示 16 與 9)
4. 單響此按鈕能交換兩個欄位的數值
5. 便能依據 16:9 裁切影像
6. 單響「✓」按鈕，完成裁切 (或是按下 Enter) 。
7. 單響「清除」按鈕，能移除欄位中的數值，選單項目改為「比例」

   比例：表示沒有寬高限制，能隨意拉出適合的裁切範圍。

多種構圖方式
快速識別照片焦點

裁切工具內建六種構圖方式，所有教科書上常講的構圖模式全部出籠，無一疏漏，同學可以依據需求，選擇適合的構圖法。現在讓我們再一起試試，如何變更裁切工具所提供的構圖模式，以及調整構圖線的方向。

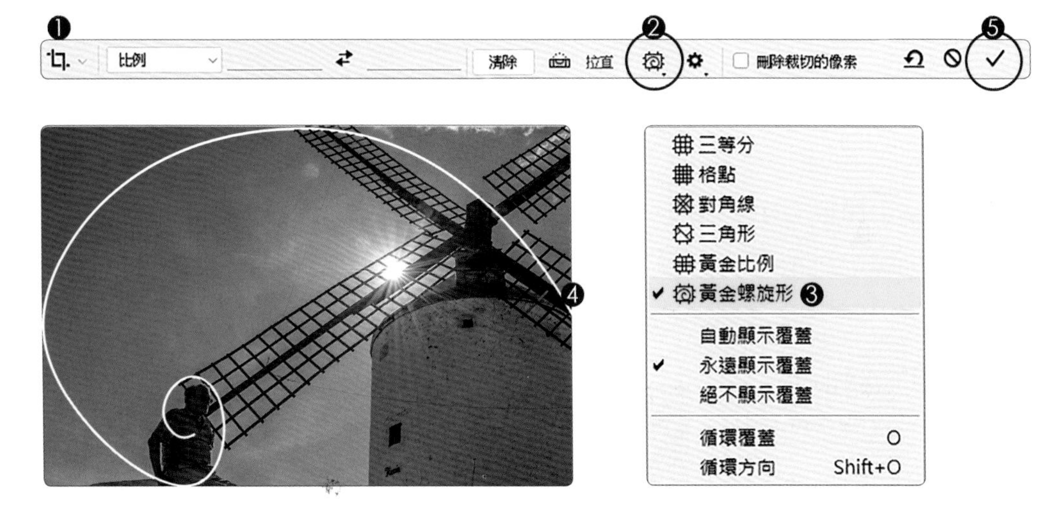

變更裁切構圖模式（Photoshop 稱為覆蓋方式）

1. 單響左側工具箱「裁切工具」，視窗上方顯示工具選項列
2. 單響「覆蓋選項」按鈕
3. 選單中選取「黃金螺旋形」
   注意選單：黃金螺旋形提供「循環方向」，快速鍵為 Shift+O（英文字母）
4. 拖曳編輯區的裁切線，便能顯示黃金螺旋形的覆蓋線
   關閉中文輸入法，按下 Shift+O，變更覆蓋線的顯示方向
5. 完成後，單響「✓」按鈕（或是按下 Enter）結束裁切

循環方向不能切換？

只有「三角形」與「黃金螺旋形」提供「循環方向」，其他的模式沒有喔！

智慧型物件
套用濾鏡

適用版本　Adobe Photoshop CC2015
參考範例　Example\01\Pic002.DNG

接下來楊比比將陪著同學一起了解智慧型物件與濾鏡套用之間的關係，並試著調整濾鏡的強度；目前都只是試試水溫，放輕鬆，別給自己太大壓力。

學習重點

1. Bridge 中開啟 DNG 格式，並以智慧型物件方式進入 Photoshop。
2. 進入 Photoshop 後，記得先調整照片尺寸，減少濾鏡運算的時間。
3. 套用 Photoshop 濾鏡，並調整濾鏡的顯示強度。

A> 由 Bridge 中開啟檔案

1. 開啟 Adobe Bridge
2. 開啟檔案資料夾 Example\01
3. 單響 Pic002.DNG
4. 在 Camera Raw 中開啟

對 Adobe Bridge 介面不熟？

麻煩開啟隨書光碟中的影片（複製到電腦中的硬碟更好），楊比比詳細說明了 Bridge 的介面，與基本啟動方式，請多多參考。

濾鏡編輯程序（一）

B> 啟動 Camera Raw

1. 啟動 Camera Raw
   視窗上方顯示版本為 9.6
2. 基本面板顯示編輯數據
3. 按著 Shift 鍵不放
   單響「開啟物件」

Camera Raw 版本比較舊？

Camera Raw 是 Bridge 與 Photoshop 的附屬工具程序，同學只要更新 Bridge 與 Photoshop，就會自動更新 Camera Raw。

C> 進入 Photoshop

1. 檔案開啟在 Photoshop 中
2. 開啟「圖層」面板
3. 圖層名稱為 Pic002
   縮圖右下角出現
   智慧型物件圖示

對 Photoshop 介面不熟？

沒問題，書上雖沒寫，但隨書光碟的教學影片中，楊比比說得很清楚；對於基礎介面不熟的同學，記得看影片喔（最好看兩次）。

濾鏡編輯程序(二)

D> 調整影像尺寸

1. 功能表「影像」
2. 執行「影像尺寸」
3. 解析度為「96」像素 / 英吋
4. 指定單位為「像素」
5. 寬度「1520」
   高度自動等比例調整
6. 單響「確定」按鈕

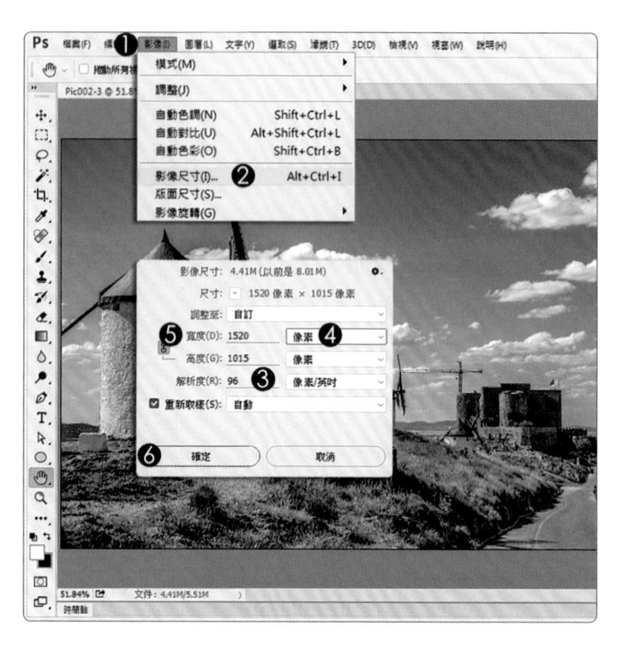

為什麼是 1520 像素?

楊比比所有放在 Facebook 上的照片都是這個寬度,當然,同學可以使用自己習慣的數據,或是再小一點都行。

濾鏡編輯程序(三)

E> 套用濾鏡

1. 功能表「濾鏡」
2. 單響「演算上色」選單
3. 執行「反光效果」
4. 拖曳十字記號到適合的位置
5. 鏡頭類型「影片定焦」
6. 亮度「100%」
7. 單響「確定」按鈕

確定了還能後悔嗎?

不僅能後悔、還能調整亮度、變更位置、修改鏡頭類型,想改幾次就改幾次,Adobe 不會另外加錢,厲害吧!來試試!

F> 智慧型濾鏡

1. 反光效果顯示在
   智慧型圖層之外
2. 試著單響箭頭記號
   能折合智慧型濾鏡

濾鏡套用在智慧型物件之外？

編輯區中看到的是濾鏡套用之後的結果，但實際上濾鏡卻是套用在智慧型物件圖層之外，不改變、不影響圖層內容。

濾鏡編輯程序 (四)

G> 變更濾鏡內容

1. 雙響「反光效果」名稱
2. 再次開啟濾鏡視窗
3. 移動反光點的位置
4. 改為「50-300 釐米變焦」
5. 亮度「110」%
6. 單響「確定」按鈕

哇！還能再改嗎？

可以！可以！想改幾次都可以。因為濾鏡套用在智慧型物件圖層之外，屬於獨立的效果圖層，能反覆修改，非常彈性。

濾鏡編輯程序 (四)

H > 改變濾鏡混合模式

1. 雙響「混合選項」圖示
2. 模式「覆蓋」
3. 單響「確定」按鈕
4. 顏色變得很強烈吧

什麼是「混合模式」？

是指像素與像素間一種特殊的運算方式，例如：兩個像素混合之後，顏色加倍，這類的計算手法，很有意思！同學可以玩玩。

I > 修改混合強度

1. 再次雙響「混合選項」圖示
2. 模式仍為「覆蓋」
3. 不透明「70」%
4. 單響「確定」按鈕

可以同時改「混合模式」與「不透明」嗎？

當然可以！請同學務必開啟混合選項視窗中的「預視」，就能立即看出「模式」對於照片作用的強度，做為調整「透明度」的參考。

J > 關閉濾鏡效果

1. 單響反光效果前面的眼睛
   就能暫時關閉濾鏡
2. 編輯區也不顯示濾鏡效果

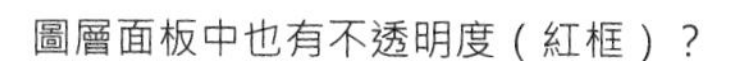
圖層面板中也有不透明度（紅框）？

圖層面板中的「不透明度」用於圖層與圖層間混合時的強度控制，與濾鏡沒有太大關係，同學可以先忽略不管。

K > 刪除濾鏡

1. 拖曳「反光效果」濾鏡
2. 到「垃圾桶」圖示上
   放開左鍵後
   就能刪除濾鏡

刪除濾鏡後還能復原嗎？

數位時代樣樣都能還原（哈哈）；同學可以開啟「步驟紀錄」面板（紅圈處）由面板中退回刪除濾鏡前的步驟。

如果「步驟紀錄」面板按鈕沒有顯示在視窗中，請到功能表「視窗」中，重新開啟面板。

調整適合 Facebook 的影像尺寸

不單單是 Facebook，所有在螢幕上顯示的照片都可以依據下列的方式進行影像尺寸的調整；提醒同學，如果照片需要特定的比例，請在影像尺寸調整前進行裁切，再執行「影像尺寸」指令，謝謝大家的合作！

輸出到螢幕 需要的影像單位與解析度	**單位：像素** **解析度：72 - 96 像素 / 英吋**

變更影像尺寸的程序

執行「影像尺寸」指令後，對話框內顯示的是 Photoshop 編輯區內的照片的實際大小。

請同學依據下列程序，調整影像尺寸，以符合螢幕需求。

1. 功能表「影像」
   執行「影像尺寸」指令
2. 設定螢幕解析度「72 - 96」
3. 解析度單位「像素 / 英吋」
4. 指定影像單位為「像素」
5. 調整影像「寬度」
6. 若是要照片原始尺寸
   請單響「調整至」
7. 單響「原始大小」
8. 單響「確定」結束尺寸調整

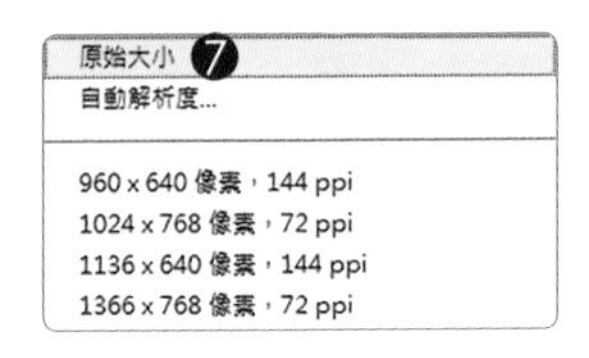

調整適合
輸出沖印的影像尺寸

沖洗照片、輸出印刷，這些需要特定比例的照片，調整尺寸前，請先使用「裁切工具」裁剪出需要的比例後，再執行「影像尺寸」指令。沖印輸出與螢幕觀看不同，需要更高的解析度與品質，同學要花點時間記住以下的數據！

輸出為沖印
需要的影像單位與解析度

單位：英吋 (或是公分、公釐)
解析度：300 像素 / 英吋

變更為沖印尺寸的程序

為避免照片原始比例與沖印尺寸不同，建議同學先使用工具箱中的「裁切工具」，依據所需的比例進行裁切，再執行「影像尺寸」指令。

1. 功能表「影像」
   執行「影像尺寸」指令
2. 解析度「300」
3. 解析度單位「像素 / 英吋」
4. 指定單位「英吋」
5. 設定輸出「寬度」
6. 若高度略有偏差
   單響鎖鏈圖示關閉等比例
7. 重新指定「高度」
8. 縮小影像
   可採用「重新取樣」中的
9. 環迴增值法 - 更銳利 (縮小)

自動	Alt+1
保留細節 (放大)	Alt+2
環迴增值法 - 更平滑 (放大)	Alt+3
環迴增值法 - 更銳利 (縮小) 9	Alt+4
環迴增值法 (平滑漸層)	Alt+5
最接近像素 (硬邊)	Alt+6
縱橫增值法	Alt+7

JPG 格式
套用濾鏡

適用版本　Adobe Photoshop CC2015
參考範例　Example\01\Pic003.JPG

最近手機畫質越來越好，幾乎能取代一般的消費性相機；手機最大的缺點就是只能拍攝 JPG，JPG 雖說編輯寬度不如 RAW，但仍有一定的調整空間。

學習重點

1. Bridge 中開啟 JPG 格式，並以智慧型物件方式進入 Photoshop。
2. 請依據濾鏡套用的程序進行作業：
   智慧型物件 →調整影像尺寸 →套用濾鏡　→調整濾鏡內容與濾鏡強度。

A> 由 Bridge 中開啟檔案

1. 開啟 Adobe Bridge
2. 開啟檔案資料夾
   Example\01
3. 單響 Pic003.JPG
4. 在 Camera Raw 中開啟

在Camera Raw中開啟按鈕失效？

應該是關閉了對 JPG 格式的動作；請單響 Bridge 功能表「編輯 - Camera Raw 偏好設定」，指定為「自動開啟設定的 JPEG」。

JPEG 及 TIFF 處理
JPEG: 自動開啟設定的 JPEG
TIFF: 自動開啟設定的 TIFF

濾鏡編輯程序（一）

B> 啟動 Camera Raw

1. 啟動 Camera Raw
   視窗上方顯示版本為 9.6
2. 單響「基本」面板
3. 亮度滑桿向左拖曳
   降低亮度為「-22」
4. 按著 Shift 不放
   單響「開啟物件」

JPEG 能調整的範圍比較小？

是的！相機或是手機已經調整過 JPEG（也稱 JPG）的色彩濃度與清晰度，所以後製軟體的編輯的幅度不宜太大，免得造成影像裂化。

C> 進入 Photoshop

1. 檔案開啟在 Photoshop 中
2. 開啟「圖層」面板
3. 圖層名稱為 Pic002
   縮圖右下角出現
   智慧型物件圖示
4. 雙響「手型工具」
   立刻顯示全頁

顯示全頁有快速鍵嗎？

有的！請關閉中文輸入法。按下 Ctrl + 0（阿拉伯數字零）為「顯示全頁」。按下 Ctrl + 1（阿拉伯數字）為「100%」顯示。

D> 裁切為適合沖印的比例

1. 單響「裁切工具」
2. 選項列中指定比例為 2:3 (4:6)
3. 對調寬高比例
4. 拖曳拉出裁切範圍
5. 單響「✓」結束裁切

可以變更裁切覆蓋模式嗎？

當然可以，指定好裁切比例後，單響「工具覆蓋選項」按鈕（紅框處），選擇喜愛的構圖模式，再進行範圍調整，就可以囉！

E> 清除裁切比例

1. 還在「裁切工具」中
2. 單響「清除」按鈕
3. 移除寬高欄位中的數據

裁切完成後一定要清除數據嗎？

由於裁切數據會被記錄下來，為了不影響後續的動作，楊比比習慣裁切完畢後，立刻清除數據，同學們可以參考。

濾鏡編輯程序（二）

F> 調整影像尺寸

1. 功能表「影像」
2. 執行「影像尺寸」
3. 解析度「300」像素 / 英吋
4. 單位為「英吋」
5. 寬度「6」
   高度自動等比例調整
6. 單響「確定」按鈕

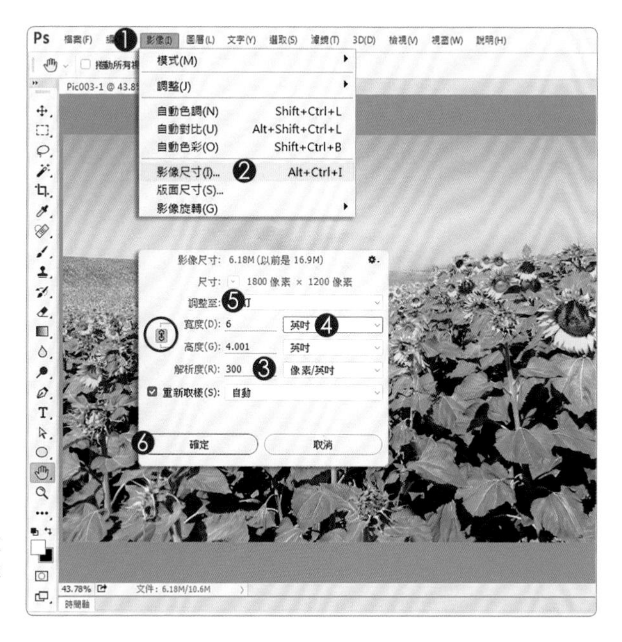

高度差一點點？

這一點點，楊比比通常都混過去，沒有多大影響；但對數據很堅持的同學，可以關閉等比例圖示（紅圈），自行輸入高度數值。

濾鏡編輯程序（三）

G> 套用濾鏡

1. 功能表「濾鏡」
2. 選取「風格化」選單
3. 執行「尋找邊緣」
4. 編輯區中顯示濾鏡狀態
5. 圖層中增加濾鏡圖層

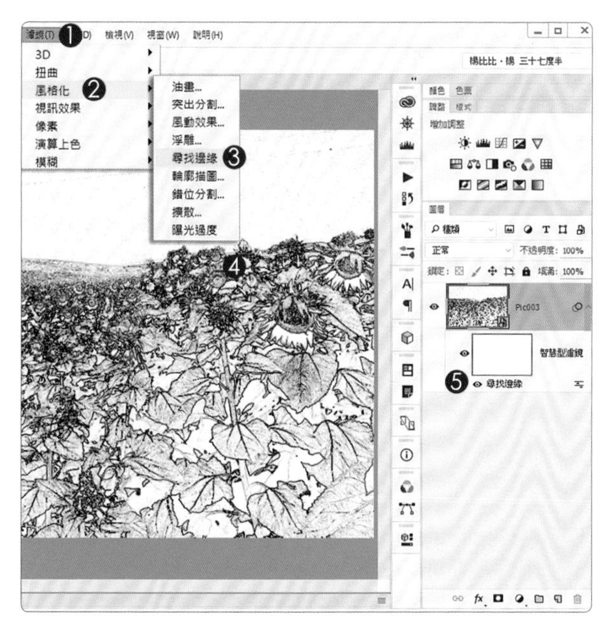

尋找邊緣沒有可以調整的數據嗎？

請觀察選單，指令後方出現「...」表示這個濾鏡有對話框，可以進行參數調整，沒有「...」，就表示直接套用，沒有參數控制。

濾鏡編輯程序 (四)

H> 改變濾鏡混合模式

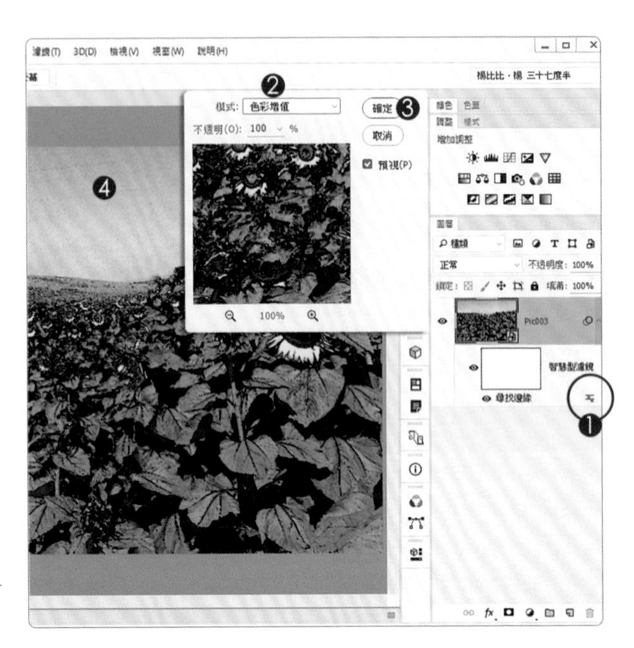

1. 雙響「混合選項」圖示
2. 模式「色彩增值」
3. 單響「確定」按鈕
4. 有點像彩色漫畫

為什麼是「色彩增值」?

除了經驗之外，另一個方法就是多多嘗試，反正混合模式就那幾種，試試看就知道哪一種最好，最適合目前的濾鏡效果。

I > 儲存為能記錄圖層的 TIF

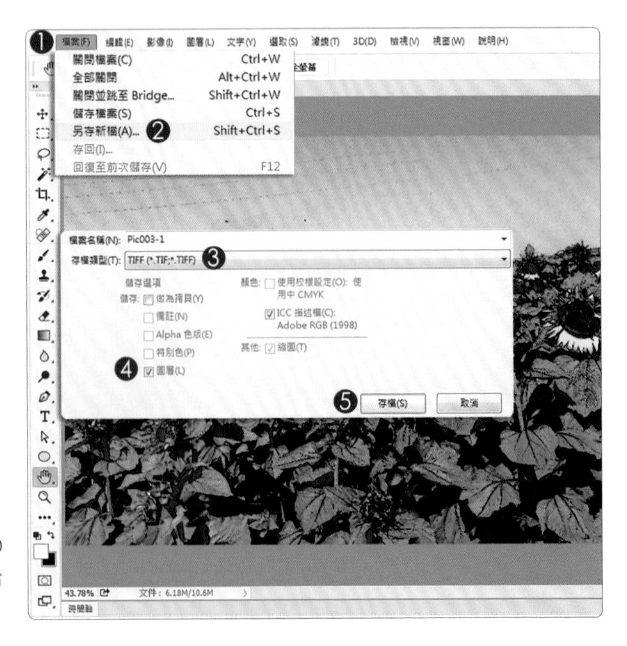

1. 功能表「檔案」
2. 執行「另存新檔」
3. 存檔類型「TIFF」
4. 勾選「圖層」
5. 單響「存檔」

為什麼不存為 Photoshop 標準的 PSD ?

沒有安裝 Photoshop 的電腦就不能看 PSD 格式，卻可以看 TIF；這表示支援 TIF 的平台比 PSD 多，當然還有其他原因，我們繼續。

J > TIF 格式提供影像壓縮

1. 影像壓縮「LZW」
   這是一種無破壞性壓縮
2. 其餘參數不變
3. 單響「確定」按鈕

TIF 格式能保留圖層又能壓縮

是的！能記錄圖層內容、支援平台多、還能壓縮，有甚麼比這個更好。需要反覆編輯檔案的同學，建議使用 TIF 格式。

K > 關閉檔案

1. 存檔結束
   標籤列顯示檔案名稱
   副檔名 TIF 也在上面
2. 單響「x」記號
   關閉檔案

可以存為 JPG 嗎？

JPG 格式會自動合併圖層，圖層合併後，就無法再進行濾鏡調整；因此，建議同學先存一份能保留圖層的 TIF，再存 JPG。

儲存 TIF 格式
能分別保留圖層

往淺的方面說，TIF 與 PSD 真的很像，都是 Photoshop 支援的影像格式，能存檔（哈哈）也能保留圖層結構、色版、路徑。但楊比比偏好 TIF，因為它提供非破壞性壓縮（檔案容量小），最重要的是印刷廠支援 TIF。

儲存 TIF 格式的程序

照片編輯完畢，請執行功能表「檔案 - 另存新檔」，再依據下列程序完成 TIF 格式存檔。

1. 存檔類型「TIFF」
2. 確認勾選「圖層」
3. 單響「存檔」按鈕
4. 影像壓縮「LZW」
   LZW 為無破壞性壓縮
5. 圖層壓縮「RLE」
6. 單響「確定」完成存檔

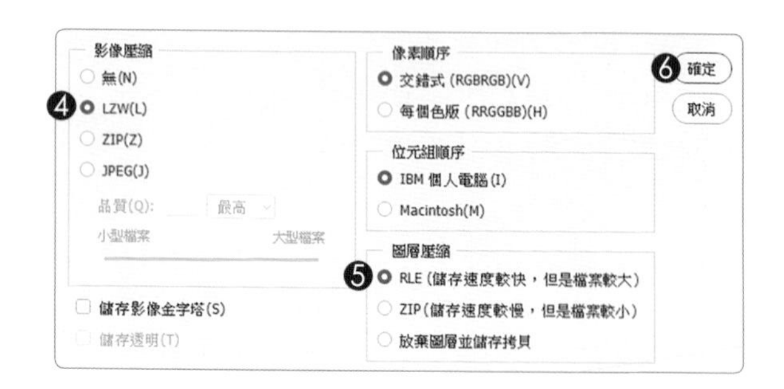

存 TIF 不能勾選圖層？

那就是檔案中只有一個圖層（不用懷疑），所以存 TIF 格式時，便自動關閉「圖層」選項。

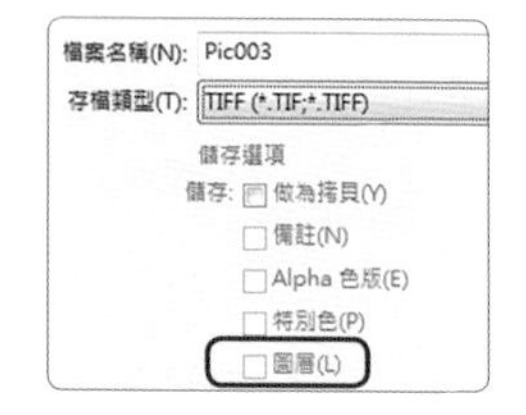

TIF 與 PSD 有什麼差別？

往簡單的方向說（不要搞得太學術），TIF 能壓縮（還是非破壞性壓縮）相同的檔案資訊下，檔案肯定比較小；最大檔案容量為 4G（PSD 只有 2G），而且多數平台都支援，也能看到檔案縮圖，非常方便。

儲存 JPEG 格式
依據輸出方式設定品質

JPEG (也就是 JPG) 是常見、常用的影像格式；能大幅壓縮影像中的色彩資訊，減少檔案容量，是建立網頁，或是輸出沖印時，經常使用的影像格式。

儲存 JPEG 格式的程序

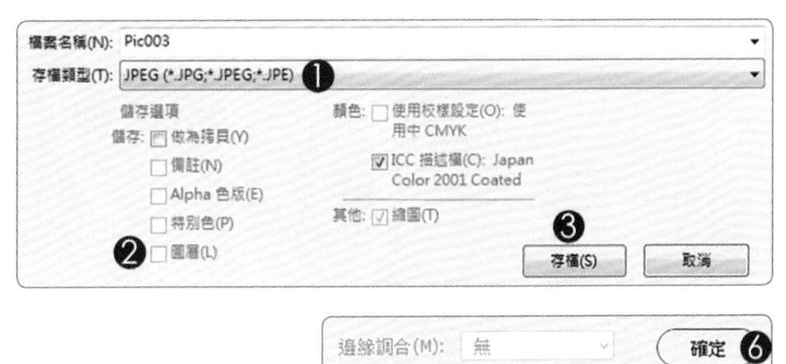

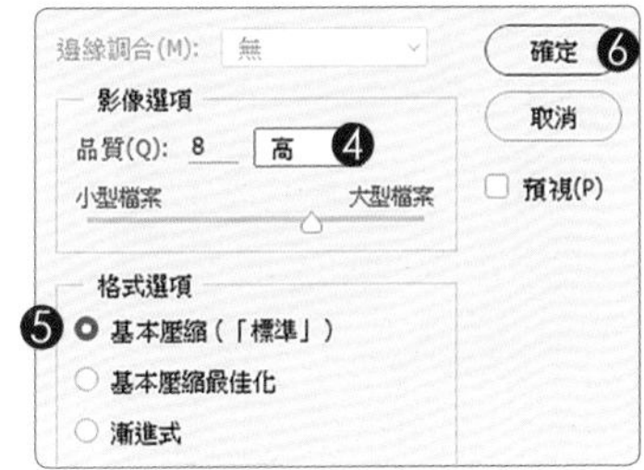

1. 存檔類型「JPEG」
2. JPG 會自動合併圖層
   因此沒有圖層選項可以勾
3. 單響「存檔」按鈕
4. 品質：高 (螢幕上觀看)
   品質：最高 (沖印輸出)
5. 選項：基本壓縮 (標準)
6. 單響「確定」結束存檔

PNG 是 Facebook 官方建議的檔案格式

PNG 畫質比 JPG 好，相同的條件下，PNG 比 JPG 容量來的大一些，但現在的網路流速，這一點點差異實在不算甚麼，也因此 Facebook 建議用戶可以上傳 PNG 格式，以「取得較高品質的結果」。

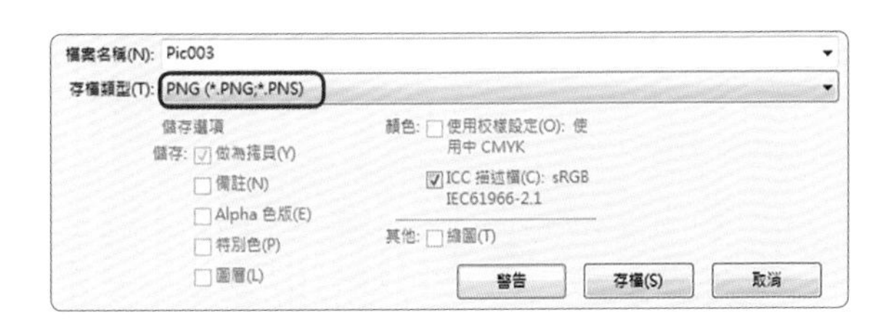

PNG 格式會自動合併圖層，不會另外提供「圖層」項目進行勾選，單響「存檔」按鈕後，不介意檔案容量的同學，可以使用「無 / 快速」壓縮，以得到最好影像品質；交錯是早期的網頁格式，選擇「無」就可以囉！

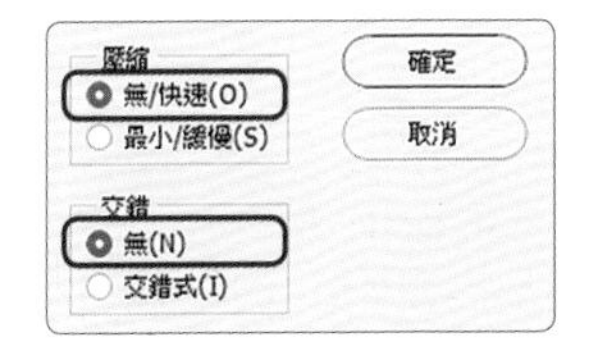

02 Photoshop 鏡頭濾鏡

2016/06/07, 03:07pm Nikon D610 哥多華大清真寺
1/80 秒 f/4 ISO 1600 海拔 103.83m Photo by 楊 比比

廣角魚眼變形
抑制照片雜點
提高影像清晰
濾鏡作用範圍

安達魯西亞 隆達　1/300sec f4.0 ISO100　攝影：楊比比

Camera Raw 廣角變形校正

適用版本　Adobe Photoshop CC2015
參考範例　Example\02\Pic001.DNG

A > 開啟 DNG 格式

1. 啟動 Adobe Bridge
2. 開啟檔案資料夾 Example\02
3. 單響 Pic001.DNG
4. 在 Camera Raw 中開啟

找不到「中繼資料」面板？

中繼資料面板能顯示與照片相關的拍攝資訊，包含日期、光圈、快門等等。同學可以由功能表「視窗」中開啟「中繼資料」。

B> 啟動 Camera Raw

1. 啟動 Camera Raw
   請確定版本為 9.6
2. 單響「鏡頭校正」面板
3. 描述檔標籤中
4. 已經勾選色差與描述檔校正
5. 但建築物還是變形的很厲害

鏡頭校正改了？

是的！Upright 單獨拉出來，成為「變形工具」。對於 Camera Raw 編輯程序不熟悉的同學，建議參考楊比比前面介紹的書喔！

C> Camera Raw 變形工具

1. 單響「變形工具」
2. 視窗右側面板開啟「變形」
3. 單響「垂直校正」
4. 拉直部分歪斜的建築物
   看得出來還有調整的空間

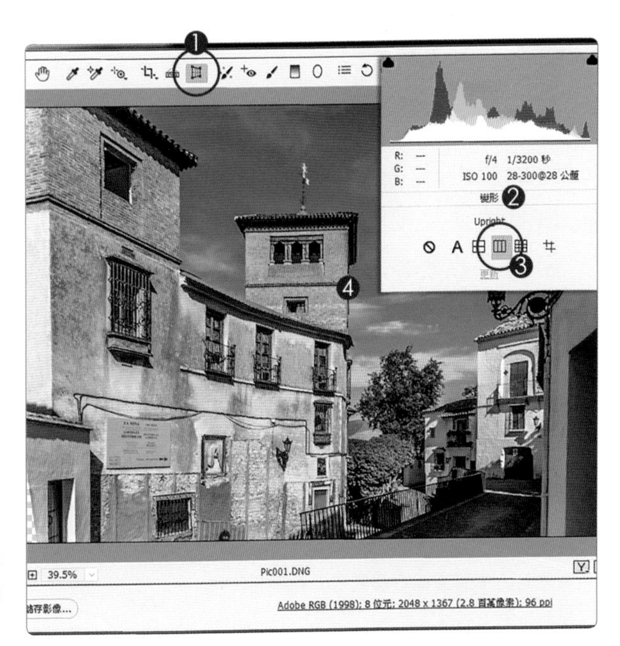

記得更新 Camera Raw

Camera Raw 9.6 以上的版本才提供「變形工具」，請檢查 Adobe Creative Cloud 是否需要更新 Bridge 與 Photoshop。

D> 使用參考線校正變形

1. 還是在「變形工具」中
2. 單響「參考線」按鈕
3. 移動指標到建築物邊緣
   由上往下拖曳指標
   拉出校正參考線

沒有反應耶？

是的！參考線至少要兩條才具備透視校正的功能，繼續吧！還少一條參考線。

E> 建立第二條參考線

1. 仍然在「變形工具」中
2. Upright 為「參考線」
3. 沿著建築物拖曳
   第二條參考線

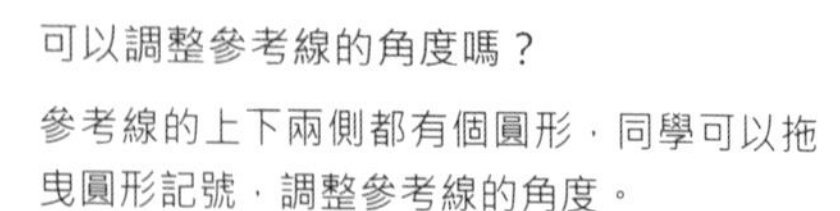

可以調整參考線的角度嗎？

參考線的上下兩側都有個圓形，同學可以拖曳圓形記號，調整參考線的角度。

F> 檢視校正狀態

1. 單響開啟「格點」
2. 拖曳滑桿調整格點尺寸
3. 觀察建築物的邊緣
   與格線間的角度

參考線最多能有幾條？能刪除參考線嗎？

最多四條（越多越難控制）。單響變形工具面板下方的「清除參考線」按鈕，便能移除編輯區中所有的參考線。

G> 控制影像縮放

1. 還是「變形工具」
2. 變形面板中
3. 向右拖曳「縮放」滑桿
   略為放大影像尺寸
   就看不到邊緣的透明區域

結束 Camera Raw

同學可以單響視窗左下角的「儲存影像」將編輯結果保留下來；或是單響「完成」按鈕將編輯數據紀錄在 DNG 檔案中。

鏡頭變形濾鏡

塞維亞 西班牙大廣場 1/125sec f9 ISO125 攝影：楊比比

最適化廣角 校正魚眼變形

適用版本 Adobe Photoshop CC2015
參考範例 Example\02\Pic002.JPG

A > 開啟 JPG 格式

1. 啟動 Adobe Bridge
2. 開啟檔案資料夾 Example\02
3. 單響 Pic002.JPG
4. 在 Camera Raw 中開啟

JPG 同樣可以使用 Camera Raw

Adobe Bridge 環境中，JPG 格式的預設程式為 Photoshop。但使用 Camera Raw 編輯 JPG 曝光與色調更為簡便，建議使用。

B> 啟動 Camera Raw

1. 啟動 Camera Raw
   先檢查程式版本
2. 單響「鏡頭校正」面板
3. 描述檔標籤中
4. 勾選色差與描述檔校正
5. 無法找出相符的描述檔
6. 按 Shift + 開啟物件

鏡頭校正不支援 JPG

其實 JPG 格式中有完整的 EXIF 中繼資訊，但怎麼說呢？ Adobe 比較淘氣，鏡頭校正就是不支援；沒關係我們還有 Photoshop。

C> 啟動最適化廣角濾鏡

1. 圖層中顯示智慧型物件
2. 功能表「濾鏡」
3. 執行「最適化廣角」

Photoshop 的快速鍵很多

想把軟體玩得上手、顯示專業、帥氣，使用快速鍵是必要的手段之一。如果只是業餘玩玩，能記得七、八組就差不多囉！

D> 自動校正變形

1. 預設校正為「自動」
2. 確認勾選「預覽」
3. 最適化廣角編輯區中
   顯示校正後的狀態

好像不優？

請試著取消對話框下方的「預覽」勾選，可以發現，自動校正還是起了一定的作用。

E> 魚眼校正

1. 校正項目改為「魚眼」
2. 鏡頭為 15mm 定焦魚眼
3. 預設焦距為「15mm」
4. 編輯區顯示修正後的照片

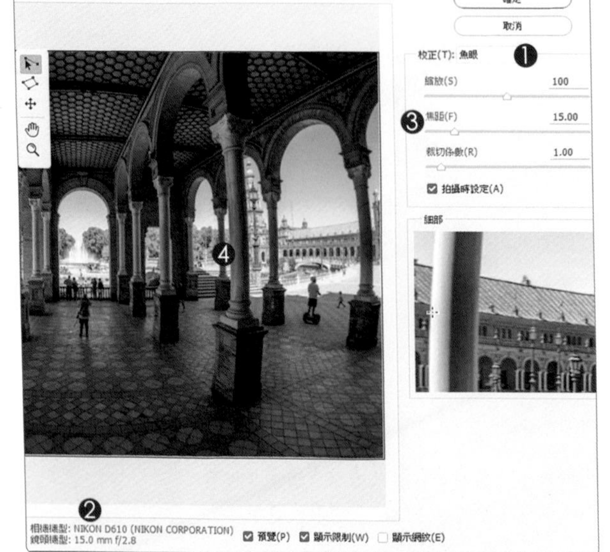

都不好意思講了？沒差耶！

沒關係，楊比比也覺得差異不大，最適化濾鏡太小心，修正的幅度太小，我們自己來。

F> 使用限制工具

1. 單響「限制工具」按鈕
2. 柱子邊緣上單響指標
   沿著柱子「移動」指標
   會產生一條青藍色弧線
3. 移動到柱子邊緣底部
   單響指標

限制線可以轉為垂直線嗎？

試著將指標移動到限制線的「圓形」控制點上，能轉動限制線，並顯示限制線目前的角度；轉為垂直線的方式，請參考下一個步驟。

G> 限制線轉為垂直線

1. 按著 Shift 按鍵不放
   指標圖示會變為滴管工具
   不管它
   直接單響變形限制線
   就能將限制線轉為垂直

試著將指標移到「限制工具」上

對話框上方便會顯示與工具相關的提示；告訴我們只要按著「Shift」並按一下（按一下就是單響）就能產生水平 / 垂直限制。

H> 再拉一條限制線

1. 確認單響「限制工具」
2. 單響右側柱子邊緣
   沿著邊緣往下移動
   拉出弧形的限制線
   移動到下方後單響指標
3. 按著 Shift 單響限制線
   將限制線轉為垂直

限制工具的效果比較好

是吧！人工手動，肯定比自動來得彈性，可以調整的幅度也更大，來！我們繼續。

I > 建立四條限制線

1. 使用「限制工具」
2. 依據上述方式
   在左右兩側的柱子上
   建立四條限制線
   並限制為垂直
3. 單響「確定」按鈕

照片都必須一張張調整嗎？

是的！楊比比在 Facebook 上發表的每一張照片，都得花上很多時間，控制變形、調整曝光、色調、銳利度；修圖，不能速成。

J> 檢視校正後的狀態

1. 智慧型物件圖層下方
   顯示「最適化廣角」濾鏡

檢視魚眼校正前後的差異

單響最適化廣角濾鏡前方的眼睛圖示（紅圈處）暫時關閉濾鏡，觀察魚眼變形校正前後的差異，記得再開啟眼睛圖示喔！

K> 重新調整濾鏡

1. 雙響「最適化廣角」
2. 回到最適化廣角濾鏡對話框
3. 移動到需要修改的限制線
   試著向下（或是向上）
   拖曳限制線的長度
4. 單響「確定」結束變形校正

限制線的長度可以影響校正的狀態

加在「智慧型物件」圖層中的濾鏡不僅能反覆編輯，且調整的狀態（如限制線）仍然存在，方便我們再次修正，非常彈性。

L> 裁切空白區域

1. 單響「裁切工具」
2. 單響「清除」按鈕
   確認寬高比例欄位中是空的
   目前不需要特定比例
3. 拖曳調整裁切線
   在空白範圍之內
4. 單響「✓」結束裁切

Enter 按鍵也可以結束裁切

除了選項列上的「✓」圖示，裁切完成後也可以按下鍵盤的 Enter，結束裁切。

M> 存為能保留圖層的 TIF

1. 功能表「檔案」
2. 執行「另存新檔」
3. 輸入「檔案名稱」
4. 存檔類型「TIFF」
5. 確認勾選「圖層」
6. 單響「存檔」按鈕

TIF 能保留圖層資訊

方便我們隨時回頭調整圖片內容、更換濾鏡、變更濾鏡參數，或是控制濾鏡強度。

N> 設定 TIF 格式選項

1. 影像壓縮「LZW」
   無破壞性壓縮模式
2. 圖層壓縮「RLE」
3. 單響「確定」按鈕
4. 檔案標籤中顯示副檔名 TIF

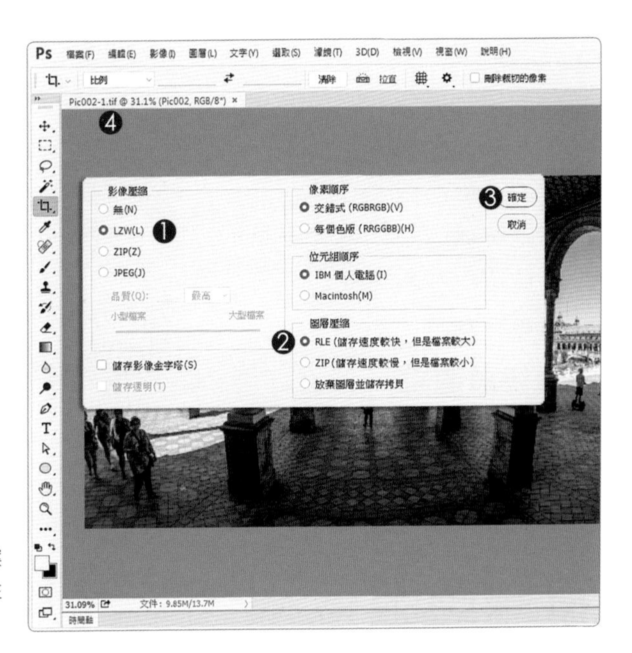

TIF 另外兩種壓縮模式 ZIP、JPEG ?

屬於破壞性壓縮；建議同學使用 LZW，檔案容量的差異不會太大，但 LZW 屬於非破壞性壓縮，能在不破壞影像的前提下壓縮容量。

O> 另存為 JPG 格式

1. 功能表「檔案」
2. 執行「另存新檔」
3. 輸入「檔案名稱」
4. 存檔類型「JPEG」
5. 單響「存檔」按鈕
6. 品質「高」
7. 基本壓縮（標準）
8. 單響「確定」

麻煩同學離開電腦，休息一下！這個範例比較長，若是逐句逐字的看書，肯定得花不少時間，起來動一動，別窩成鹹菜乾了！

米哈斯 太陽海岸　1/1000sec f5.6 ISO80　攝影：楊比比

創造
特殊魚眼效果

適用版本　Adobe Photoshop CC2015
參考範例　Example\02\Pic003.DNG

A＞開啟 DNG 格式

1. 啟動 Adobe Bridge
2. 開啟檔案資料夾
   Example\02
3. 單響 Pic003.DNG
4. 在 Camera Raw 中開啟

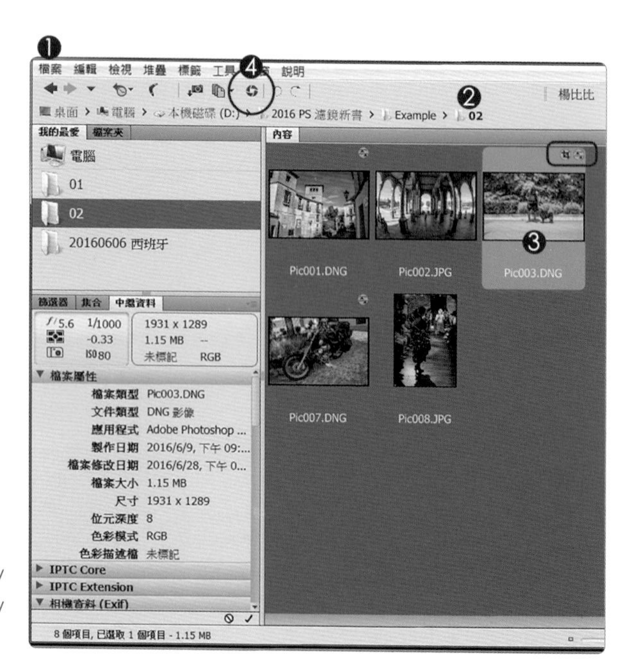

照片上的縮圖記號代表什麼？

第一個表示裁切，第二個是 Camera Raw 的編輯記號，表示照片使用 Camera Raw 編輯過（右圖的紅框處）。

B> 啟動 Camera Raw

1. 啟動 Camera Raw
2. 單響「鏡頭校正」按鈕
3. 進入「描述檔」標籤
4. 該移除的色差與校正都做了
5. 按著 Shift 不放
   單響「開啟物件」按鈕

鏡頭校正支援 RAW 格式

鏡頭校正能抓出所有 RAW 與 iPhone 手機所拍攝照片的鏡頭資訊；看得出來 Adobe 對 iPhone 另眼看待（哈哈）。

C> 啟動彎曲變形

1. 圖層中顯示智慧型物件
2. 功能表「編輯」
3. 選取「變形」選單
4. 執行「彎曲」指令
5. 編輯區中出現變形控制線

我們現在是要做些什麼？

魚眼用的好，不想多買一顆鏡頭的同學，可以運用 Photoshop 的變形功能，把正常焦段的照片改成「魚眼」效果，很好玩喔！

D> 使用魚眼彎曲

1. 彎曲模式啟動
2. 模式為「魚眼」
3. 調整「彎曲」數值
   改變彎曲變形的強度
4. 或是拖曳彎曲控制點
   也能改變 XY 兩軸的變形

濾鏡功能表中有魚眼濾鏡，對吧？

沒錯！功能表「濾鏡 - 扭曲」選單內的「魚眼效果」，這個濾鏡可能比阿桑家裡的狗狗還老（牠 13 歲了）不建議使用，效果不好。

E> 自訂彎曲狀態

1. 選取彎曲模式為「自訂」
2. 拖曳中央的四條變形控制線
3. 也可以拉上下兩側的控制點
4. 單響「✓」結束變形

照片下方人行道的弧度

就是很漂亮的魚眼效果囉！同學可以找幾張適合的照片來玩玩，很有趣。

F> 觀察圖層

1. 開啟「圖層」面板
2. 智慧型物件圖層下方
   沒有增加任何圖層

還能改回去嗎？

當然！智慧型物件圖層，提供隨時修改的服務，同學不用擔心，我們繼續往下玩！

G> 調整彎曲變形

1. 按下 Ctrl + T
   啟動「任意變形」指令
2. 單響啟動「彎曲」
3. 模式應該還在「自訂」狀態
   可以再次調整控制線
4. 或是選取「無」移除變形
5. 單響「✓」結束變形

快速鍵：Ctrl + T 任意變形

Photoshop 第一組快速鍵現身，同學必須了解，不是極品的快速鍵，楊比比不會要求大家背下來，這是極品，相信阿桑，背吧！

哥多華 科爾多瓦主教座堂　1/160sec f2.8 ISO6400　攝影：洪懿德

Camera Raw 改善高 ISO 雜點

適用版本　Adobe Photoshop CC2015
參考範例　Example\02\Pic004.DNG

A > 開啟 DNG 格式

1. 啟動 Adobe Bridge
2. 開啟檔案資料夾 Example\02
3. 單響 Pic004.DNG
4. 在 Camera Raw 中開啟

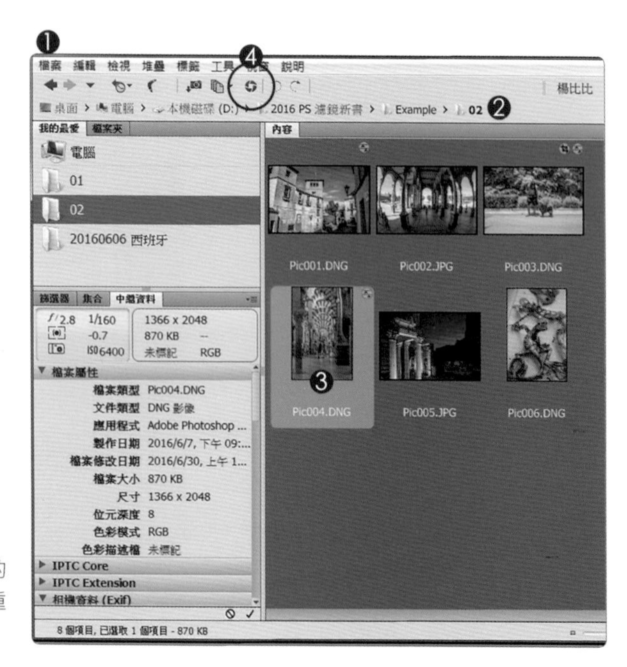

請同學記住檔案開啟的程序

經由 Adobe Bridge 進入 Camera Raw 的程序，都已經很熟悉了，就把頁面留給更重要的指令吧，下個範例將會略過這個步驟。

B> 啟動 Camera Raw

1. 啟動 Camera Raw
2. 檢視比例「100%」
3. 單響「手形工具」
   或是按下鍵盤的「空白鍵」
4. 拖曳編輯區中的照片
   找到雜點最多的區域

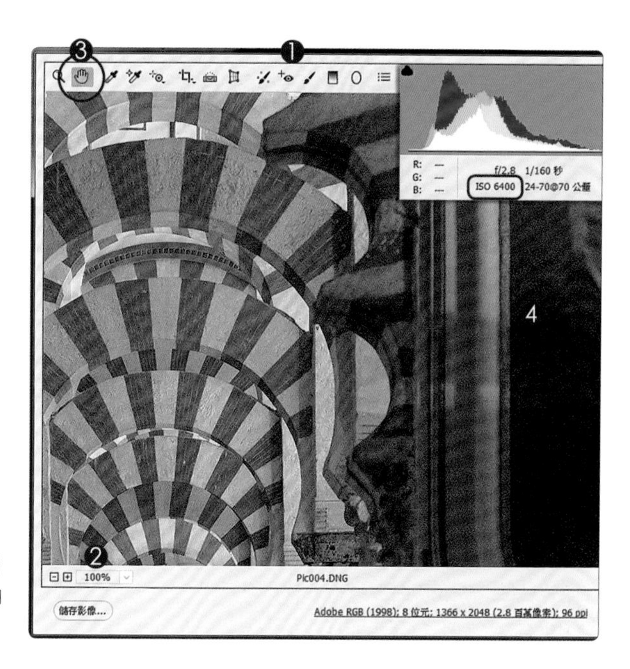

怎麼確定這張照片是高 ISO ?

Camera Raw 右上角色階圖下方，顯示照片的拍攝資訊，這張在西班牙哥多華大清真寺內拍的照片，ISO 值為 6400（紅框處）。

C> 雜訊減少

1. 單響「細部」面板
2. 向右拖曳「明度」滑桿
   同時觀察雜點減少的狀態
   一旦照片出現平滑感
   立即停止拖曳「明度」
3. 向右拖曳「顏色」滑桿
   略為減少彩色雜點

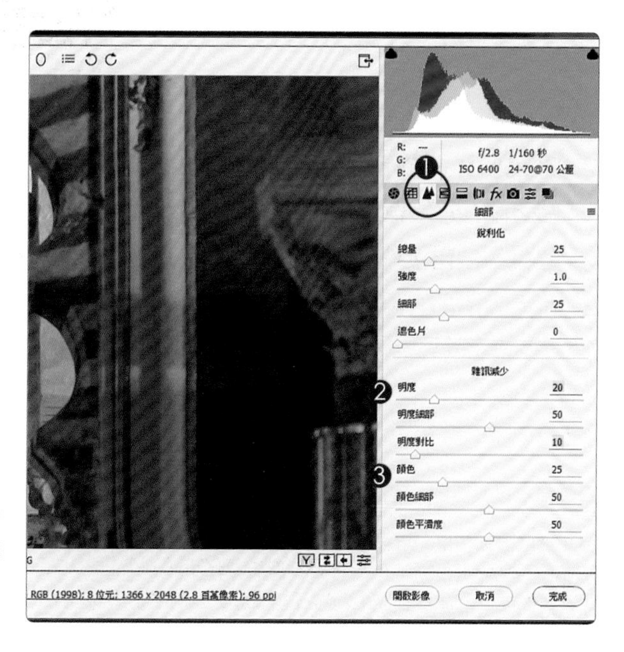

Camera Raw 是最好的減少雜點方式？

是的！楊比比認為這是最方便、效果最明顯、速度最快的雜點減少方式。完成細部雜點減少後，請單響「完成」按鈕將數據保留下來，或是單響「儲存影像」另存為 JPG。

梅里達 雅典娜神廟　1/20sec f2.8 ISO1600　攝影：洪懿德

多重濾鏡
改善夜景雜點

適用版本　Adobe Photoshop CC2015
參考範例　Example\02\Pic005.JPG

A> 開啟 JPG 格式

1. 啟動 Adobe Bridge
2. 開啟檔案資料夾 Example\02
3. 單響 Pic005.JPG
4. 在 Camera Raw 中開啟

反覆練習檔案開啟的程序

幾十頁的練習下來，覺得大家應該習慣了以 Adobe Bridge 開啟檔案的程序，但不寫又不放心，還是再練習幾次吧！同學忍耐喔！

B> 啟動 Camera Raw

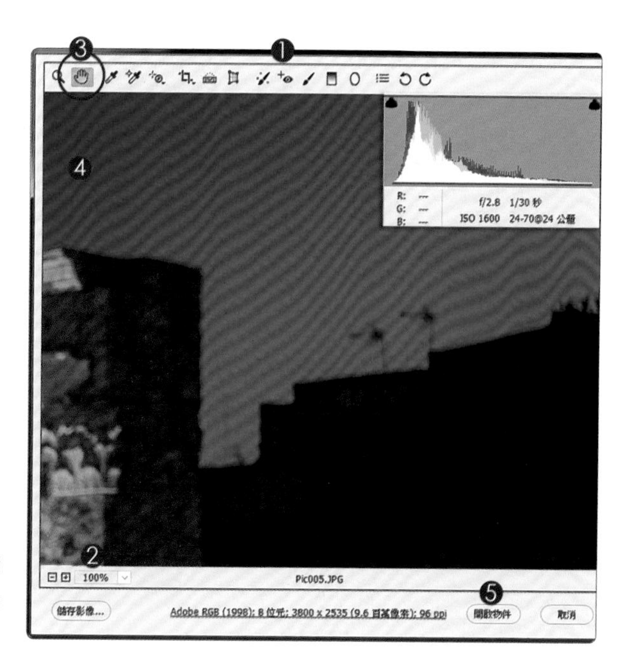

1. 啟動 Camera Raw
2. 檢視比例「100%」
3. 單響「手形工具」
   或是按下鍵盤的「空白鍵」
4. 拖曳編輯區中的照片
   藍調天空的雜點很明顯
5. 按 Shift + 開啟物件

照片有點失焦？

剛入夜，一大群人正在神廟前舉辦羅馬節的活動，沒有腳架、隨手一拍、ISO 又不夠高，失焦是很正常的。這算旅遊紀錄照（點頭）。

C> 哪一個色板雜訊最多

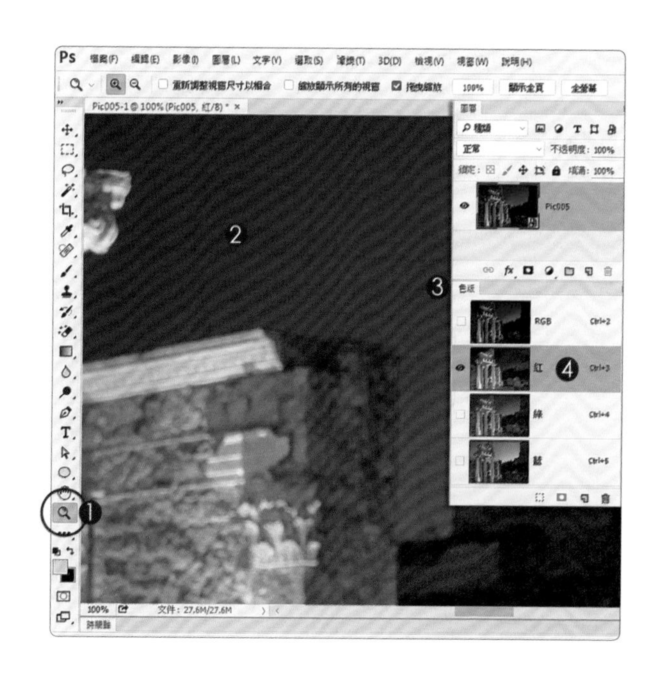

1. 雙響「縮放顯示工具」
   檢視比例調整為 100%
2. 按著「空白鍵」不放
   自動切換到手形工具
   拖曳找到天空
3. 開啟「色版」面板
4. 分別單響「紅綠藍」色版
   逐一檢查色版
   發現「紅」、「綠」色版
   雜點最多、最明顯

D> 回到 RGB 模式

1. 色版面板中
2. 單響 RGB
   照片恢復彩色
3. 圖層面板中
4. 確認單響智慧型物件圖層

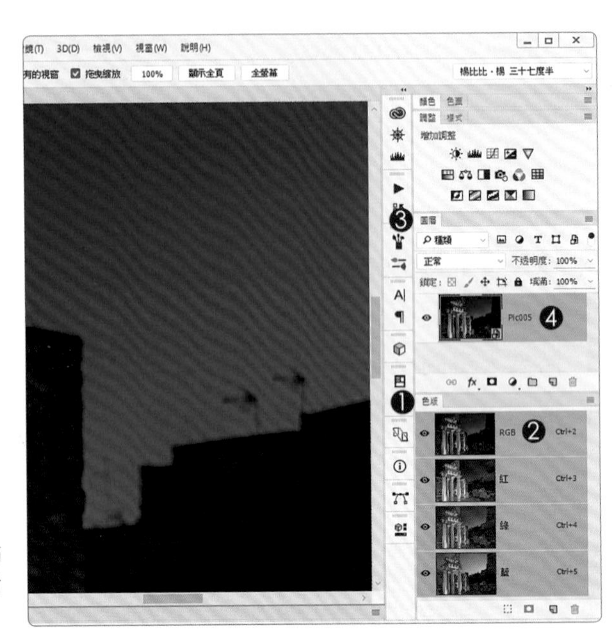

為什麼要先檢查色版？

RGB 色版是組成彩色照片主要的元素，雜點就分配在 RGB 色版中；接下來，只要針對有雜點的色版進行移除，就不會傷及無辜。

E> 啟動減少雜訊濾鏡

1. 確認選取 Pic005 圖層
2. 功能表「濾鏡」
3. 選取「雜訊」選單
4. 執行「減少雜訊」

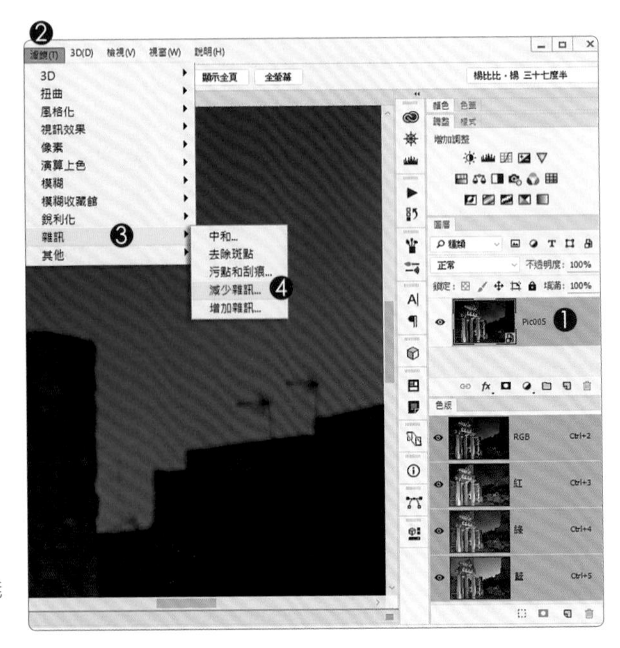

抱歉喔！還是找不到「色版」？

沒問題！請到功能表「視窗」選單內，就能開啟「色版」面板。動作快！我們要繼續囉！

F> 減少「紅」色版雜訊

1. 開啟「減少雜訊」對話框
2. 勾選「預視」
3. 單響「進階」
4. 單響「每個色版」標籤
5. 色版「紅」
6. 強度「10」
7. 保留細節「40」%

減少雜點會影響清晰度嗎？

一定會，但兩害相權取其輕，已經運用色版來進行控制，減少了很多的傷害，而且楊比比還有很厲害的絕招，等會玩！

G> 減少「綠」色版雜點

1. 仍在「每個色板」標籤中
2. 色版「綠」
3. 強度「8」
4. 保留細節「60」%
5. 單響「確定」按鈕

不調整藍色色版嗎？

範例一開始，檢查RGB色版時，就發現「藍」色版雜點最少，不是說了嗎？我們不傷及無辜，「藍色」色版，就是無辜的（嘿嘿）。

H> 可以再加強

1. 增加減少雜點濾鏡圖層
2. 如果覺得雜點還是很明顯
3. 功能表「濾鏡」
4. Camera Raw 濾鏡

Camera Raw 也是濾鏡

Photoshop CC 版本中加入的，功能少了一些，但減少雜點的能力還是一樣好。

I > 細部雜訊減少

1. 雙響「縮放顯示工具」
2. 顯示比例自動調整為 100%
3. 按「空白鍵」不放
   能切換為「手形工具」
   拖曳照片找到天空
4. 單響「細部」面板
5. 向右拖曳「明度」滑桿
   並觀察天空中雜點
   略為消失後就停止拖曳
6. 單響「確定」按鈕

J> 加入兩組濾鏡

1. 雙響「手形工具」
   顯示全頁
2. 圖層面板中
3. 智慧型物件圖層
   同時套用兩組濾鏡

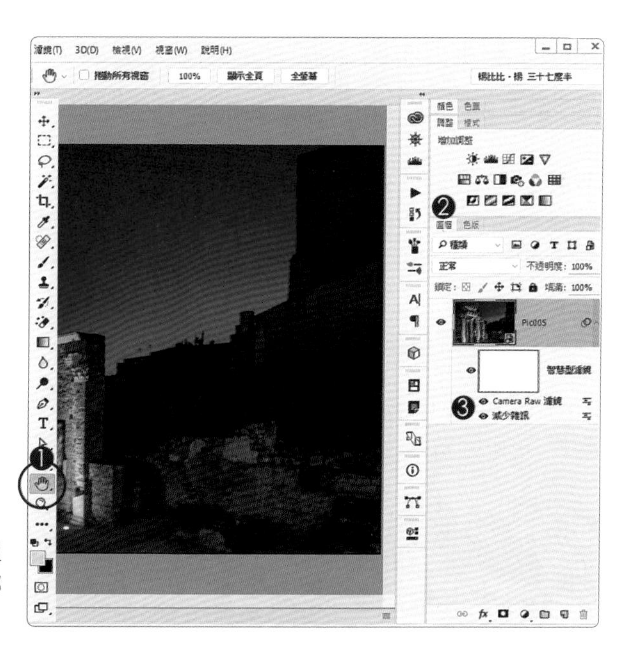

可以套用三組濾鏡嗎？

可以！只要合適、融合度高，就能多加幾組濾鏡到智慧型物件圖層中，而且每個濾鏡都可以單獨編輯控制，超棒的吧！

K> 大會報告

1. 白色的濾鏡遮色片
   現在出現一張灰色圖片

由色版建立遮色片

大家還記得「藍色」色版雜點很少吧；也記得「減少雜點」會影響照片的清晰度吧！接下來（呼）是一個門檻、一個關卡，同學最好先起來走動、走動，等腦筋清楚後，再看接下來的內容（掌聲通過）先休息！

超彈性
智慧型濾鏡遮色片

不管之前學習遮色片，碰到什麼天大的麻煩，現在請同學先拋開「遮色片」很難學的觀念，專心把這兩頁逐字逐句的讀完，並且（不要中斷）直接練習接下的範例（楊比比應該會安排兩個），準備點茶水、豆干什麼的，開始囉！

什麼是濾鏡遮色片？

Photoshop 中有三種遮色片（圖層、濾鏡、向量）不管哪一種，都是用來控制作用範圍的，也就說，哪些區域要顯示出來、那些範圍要被遮蓋起來。

1. 照片加上「尋找邊緣」濾鏡。
2. 遮色片上使用「黑色」遮住「尋找邊緣」濾鏡，顯示的是照片原來的樣子。

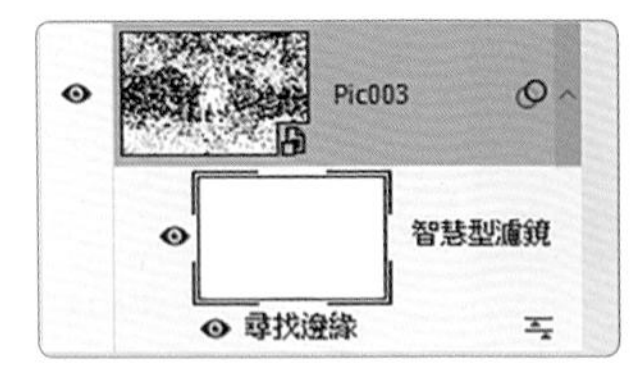

遮色片白色：完全不遮，濾鏡作用在整張照片中。

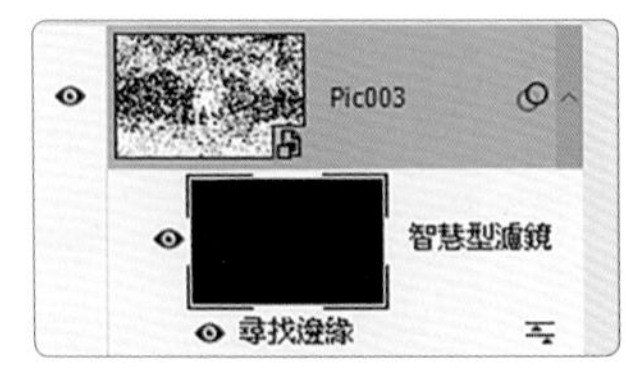

遮色片黑色：完全遮住照片，編輯區中看不到濾鏡效果。

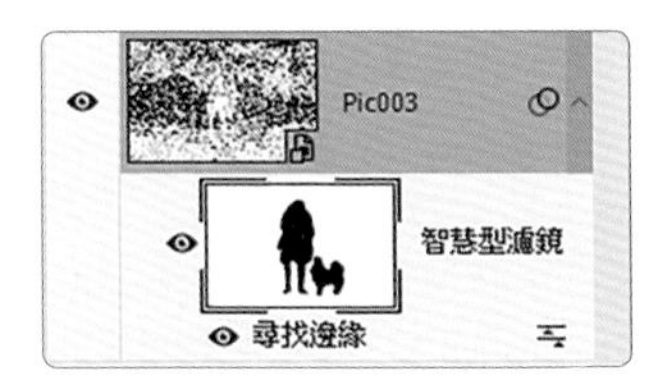

黑色部分遮住濾鏡；白色區域顯示濾鏡作用（結果如上圖）。

控制
濾鏡遮色片的顯示範圍

別把問題弄複雜了，同學請先記得第一個重點「遮色片是用來控制濾鏡作用範圍」；第二個重點來了「遮色片使用黑、白、灰三個顏色控制作用範圍」。就這兩個，有了概念之後，我們來看看黑、白、灰的控制狀態。

黑色：遮住濾鏡作用顯示照片原始狀態。

白色：完全不影響、不遮住濾鏡。

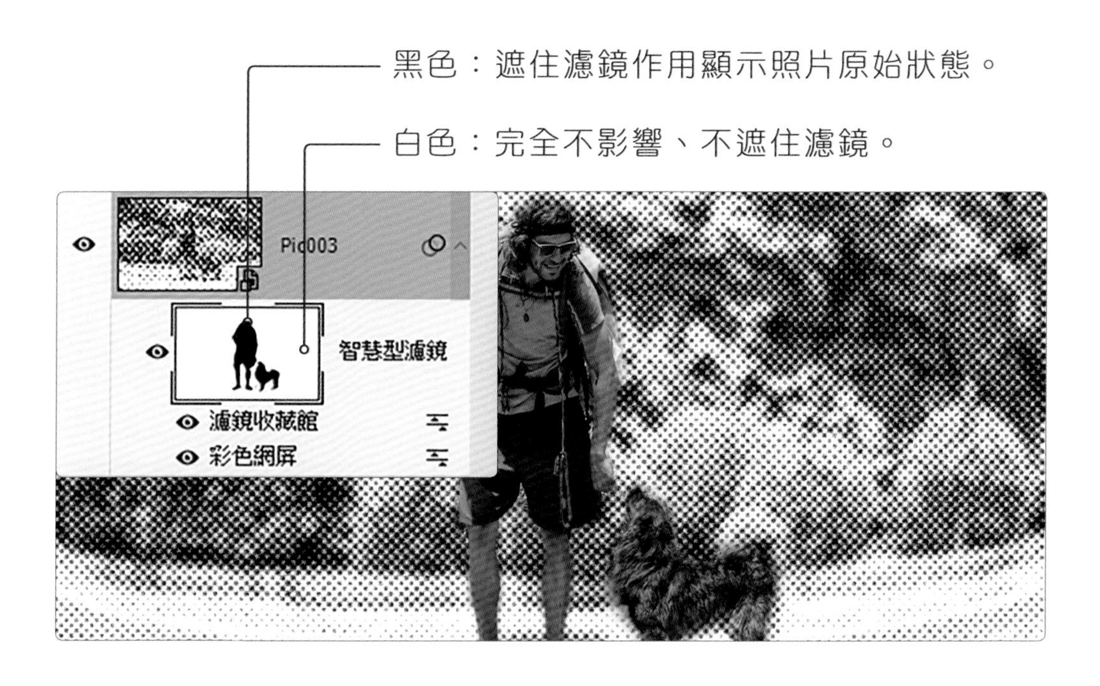

灰色：使用半透明方式遮住濾鏡作用。
（遮住的程度與深灰、淺灰有關）

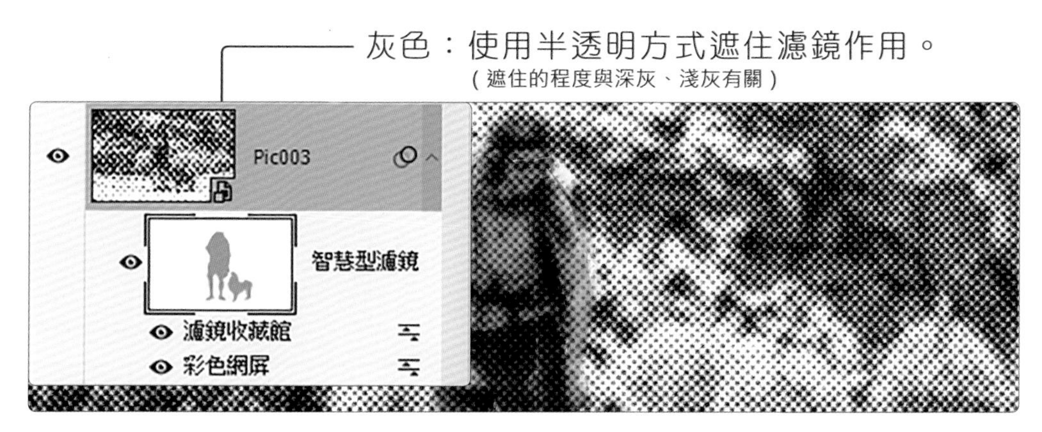

筆刷工具
控制遮色片範圍

適用版本　Adobe Photoshop CC2015
參考範例　Example\02\Pic006.TIF

攝影後製，需要使用的工具並不多，除了放大鏡、手型這兩款檢視照片的工具之外，就是裁切、選取，還有控制遮色片最重要的「筆刷工具」。

學習重點

1. 由 Adobe Bridge 中開啟 TIF 格式，直接進入 Photoshop。
2. 使用「筆刷工具」搭配「黑白」色彩，控制濾鏡作用的範圍。
3. 學習「關閉」、「刪除」與「重新建立」濾鏡遮色片。

A > 由 Bridge 中開啟檔案

1. 開啟 Adobe Bridge
2. 開啟檔案資料夾 Example\02
3. 雙響 Pic006.tif

TIF 預設啟動程式為 Photoshop

雙響（左鍵快速按兩次）Pic006 檔案縮圖後，會立即啟動 Photoshop。

B> 進入 Photoshop

1. 圖層面板中
2. 顯示智慧物件圖層
3. 編輯區顯示經過魚眼變形的照片內容

Pic003.DNG 完成的結果

是的！試著單響「編輯 - 變形」選單內的「彎曲」指令，檔案的變形控制參數還存在，同學可以修改參數（如果有時間的話）。

C> 濾鏡遮色片：白色

1. 功能表「濾鏡」
2. 選取「風格化」選單
3. 執行「尋找邊緣」
4. 圖層中套用尋找邊緣濾鏡
5. 遮色片為白色
   濾鏡作用在整張照片中

白色遮色片

表示透明，沒有任何遮色作用，濾鏡能完全作用在智慧型物件圖層中。。

D> 濾鏡遮色片：黑色

1. 單響濾鏡遮色片
2. 快速鍵 Ctrl + I
   黑色覆蓋遮色片
   完全擋住下方濾鏡內容

Ctrl + I 是什麼功能？

負片效果；位於功能表「影像 - 調整」的選單內；可以對調顏色建立互補色調，經常應用在遮色片中進行黑白顏色的互換。

E> 建立黑色遮色範圍

1. 單響濾鏡遮色片
   按下快速鍵 Ctrl + I
   遮色片轉換為白色
   顯示下方的濾鏡內容
2. 單響筆刷工具
3. 單響筆刷圖示按鈕
   調整筆刷大小與硬度
4. 指定前景色「黑色」
5. 使用筆刷塗抹人物與小狗
   遮色片中顯示黑色遮色

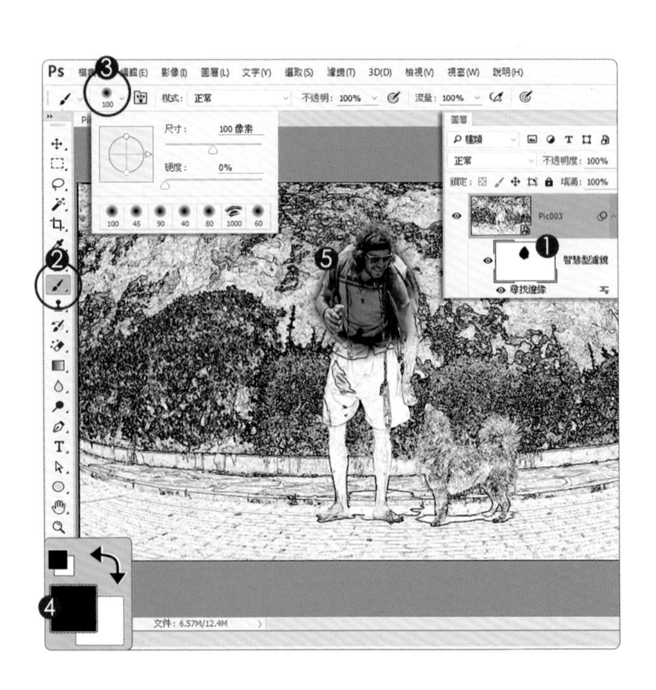

F> 建立完整遮色範圍

1. 繼續拖曳筆刷工具
2. 使用「黑色」塗抹
   編輯區中的人物與小狗

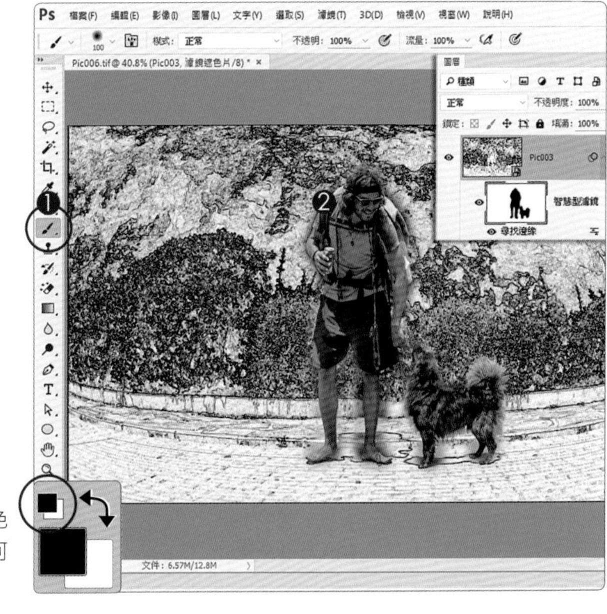

前景色該怎麼設定？

請單響預設按鈕（紅圈），前景色 / 背景色會以預設的黑白兩色顯示在圖示內，同學可以試著按下「X」交換前景 / 背景色。

G> 擦拭多餘的黑色

1. 使用「縮放顯示工具」
   拉近影像內容
2. 單響「筆刷工具」
3. 單響筆刷圖示
   調整筆刷尺寸與邊緣硬度
4. 指定前景色為「白色」
5. 單響濾鏡遮色片
6. 拖曳白色筆刷擦拭邊緣
   按「X」按鍵
   能交換前景 / 背景色

H> 檢查一下

1. 雙響「手形工具」
2. 整張照片顯示出來

筆刷工具是控制遮色片範圍的利器

如果同學對「筆刷」或是「前景 / 背景」基本操控方式不熟悉，記得觀看隨書光碟中的教學影片（起碼兩次）別忘了喔！

I > 濾鏡遮色片：灰色

1. 雙響「濾鏡遮色片」
2. 立即彈出「內容」面板
3. 顯示「濾鏡遮色片」
4. 降低黑色濃度「80%」
   濾鏡遮色片中的黑色
   淡化為深灰色
5. 編輯區中的遮色範圍
   也顯示了部分的濾鏡效果

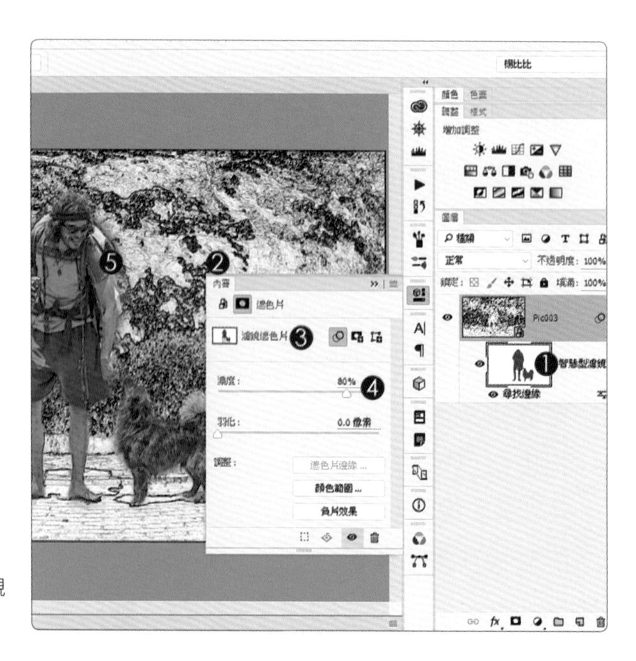

找不到「內容」面板？

Photoshop 所有的面板都放置在功能表「視窗」中，同學可以晃過去看一下。

J> 關閉濾鏡遮色片

1. 濾鏡遮色片上單響「右鍵」
2. 執行「關閉濾鏡遮色片」
3. 遮色片上顯示紅色叉叉
   關閉濾鏡遮色片

關閉濾鏡遮色片？

相當於濾鏡遮色片變成「白色」，忽視所有的遮色範圍，濾鏡完全作用在照片中。

濾鏡遮色片縮圖上，再次單響右鍵，便能重新開啟「濾鏡遮色片」，同學試試。

K> 刪除濾鏡遮色片

1. 濾鏡遮色片上單響「右鍵」
2. 執行「刪除濾鏡遮色片」
   移除濾鏡遮色片

刪除之後，還可以再增加濾鏡遮色片嗎？

可以！請在「智慧型濾鏡」名稱上（如圖右下角）單響右鍵，由選單中執行「增加濾鏡遮色片」，遮色片就回來了，試試看吧！

明度遮罩
控制遮色片範圍

適用版本　Adobe Photoshop CC2015
參考範例　Example\02\Pic005.TIF

別擔心！「明度遮罩」只是名稱很厲害、控制效果極好，但操作十分簡便的濾鏡遮色片控制方式，現在讓我們運用之前的範例，來練習一次。

學習重點

1. 檢視並複製雜點最少、明度狀態最理想的色板。
2. 配合 Alt 按鍵，將濾鏡遮色片轉換到編輯區中並貼入色板。
3. 配合 Alt 按鍵，濾鏡遮色片回原位，並恢復正常編輯狀態。

A> 由 Bridge 中開啟檔案

1. 開啟 Adobe Bridge
2. 開啟檔案資料夾 Example\02
3. 雙響 Pic005.TIF

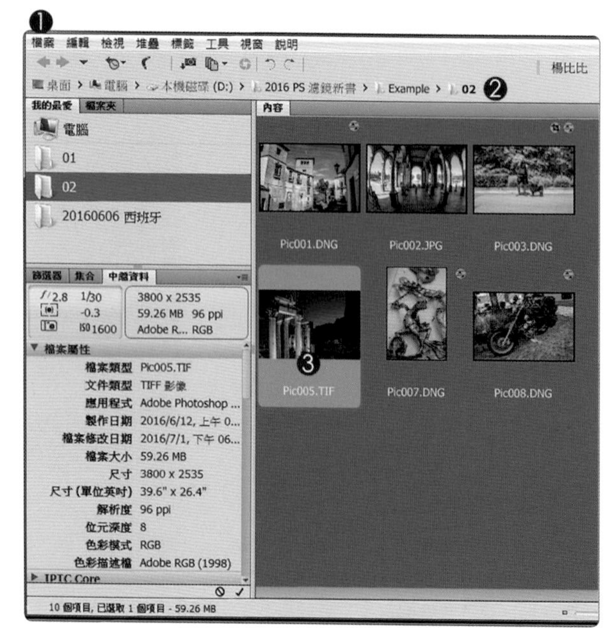

選取 TIF 格式後，就能在「中繼資料」面板中看到應用程式為 Adobe Photoshop。

B> 檢查色板灰階程度

1. 開啟「色版」面板
2. 單響「紅」色版
3. 編輯區顯示「紅」色版內容

顏色越深、濾鏡遮蓋的越多

黑色能完全遮蓋濾鏡內容，就表示越深的灰色，遮蓋能力越強。天空的雜點很多，所以我們得找出天空顏色最淺的色版，減少雜點的濾鏡才能應用在其中。

C> 複製藍色色版

1. 單響「藍」色版
2. 淺灰顯示天空（很好）
3. 功能表「選取」
4. 執行「全部」選取整張照片
5. 功能表「編輯」
6. 執行「拷貝」

可以使用快速鍵嗎？

當然可以！快速鍵：Ctrl + A（全部選取）。快速鍵：Ctrl + C（拷貝）。

D> 回復 RGB 模式

1. 回到「色版」面板中
2. 單響「RGB」
3. 回到「圖層」面板中
4. 確認單響 Pic005

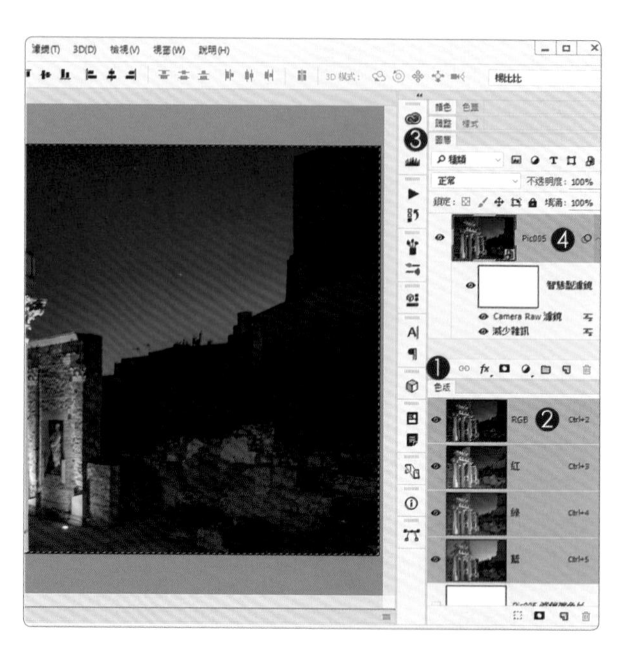

色版的作用是？

色版主要用於展現影像的色版組成；以 RGB 模式為例，面板中顯示 R、G、B 色版；若是 CMYK 模式，則顯示 C、M、Y、K 色版。

E> 編輯區中顯示濾鏡遮色片

1. 按著 Alt 按鍵不放
   單響濾鏡遮色片
2. 編輯區中顯示
   濾鏡遮色片畫面

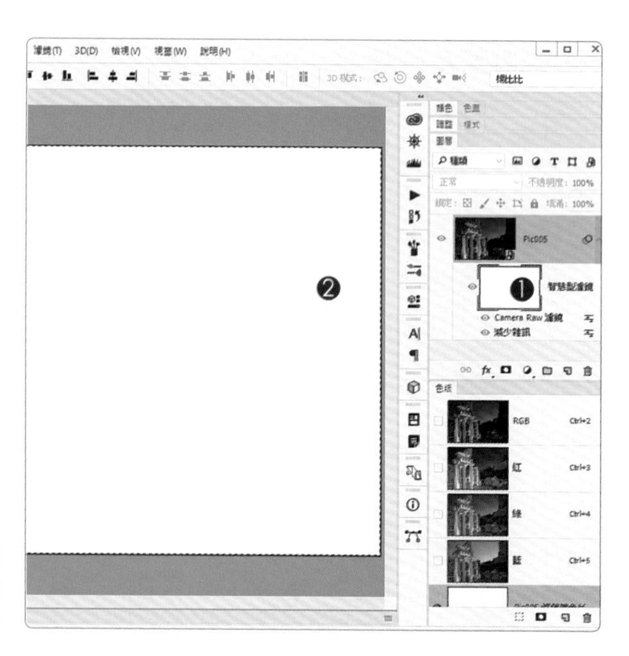

遮色片還能放在編輯區喔？

是的！如果需要檢視遮色片的遮色狀態，或是需要貼上特定的影像進入「遮色片」，就可以使用 Alt 按鍵，將遮色片轉入編輯範圍。

F> 貼入藍色版內容

1. 按下 Ctrl + V 貼入
   藍色版內容
2. 功能表「選取」
3. 執行「取消選取」
   取消影像邊緣的黑白虛線

居然能把色版變成遮色片？

是的！如果拿筆刷自己畫，那可是天昏地暗的工作，但現在，色版中深色區域可以遮住濾鏡、淺色處可以顯示濾鏡；這組深淺不一的灰階剛好符合我們的需求，也減緩了濾鏡對於影像清晰的衝擊，太完美囉！

G> 回到圖層狀態

1. 按 Alt+ 單響遮色片
2. 雙響「縮放顯示工具」
3. 顯示比例為 100%
4. 按著「空白鍵」不放
   切換為「手形工具」
   拖曳照片檢視各部分細節

明度遮罩：不同明暗程度控制遮色範圍

建立明度遮罩的方式很多；不急，我們慢慢學；同學請先記住一個重點，黑色用於遮住濾鏡內容、白色表示透明，沒有遮色的作用。

哥多華 百花巷 1/400sec f4 ISO100 攝影：洪懿德

Camera Raw 提高邊緣銳利度

適用版本 Adobe Photoshop CC2015
參考範例 Example\02\Pic007.DNG

A> 開啟 DNG 格式

1. 啟動 Adobe Bridge
2. 開啟檔案資料夾 Example\02
3. 單響 Pic007.DNG
4. 在 Camera Raw 中開啟

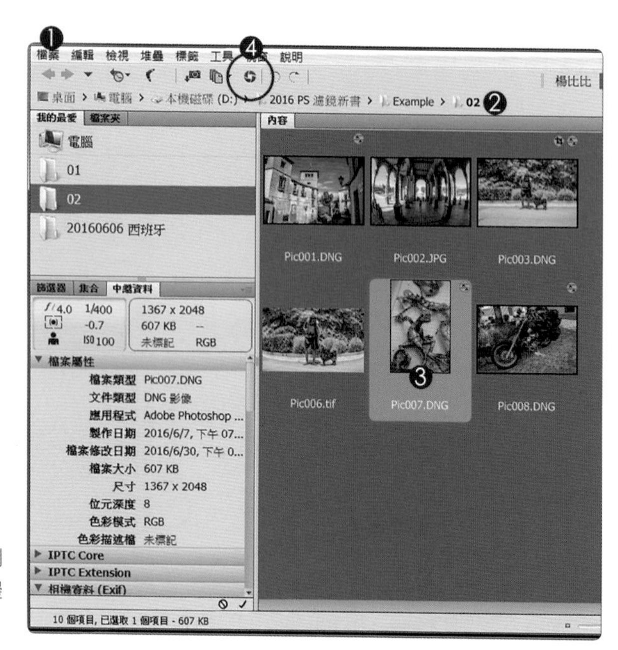

Camera Raw 是全方位的濾鏡

Camera Raw 是很優秀的曝光、色調控制程式，也支援雜點減少，並且能提高照片邊緣的清晰程度，來看看程序。

B> 啟動 Camera Raw

1. 啟動 Camera Raw
2. 檢視比例「100%」
3. 單響「手形工具」
   或是按下鍵盤的「空白鍵」
4. 拖曳編輯區中的照片
   到主要的蜥蜴上
5. 單響「細部」面板

細部面板提供銳利化與雜訊減少

提高影像銳利，相對於增加雜點，所有攝影人都知道這兩者之間的關係，所以提高銳利度時，得特別小心抑制雜點明顯的程度。

C> 限制銳利化作用在邊緣

1. 確認在「細部」面板中
2. 按著 Alt 按鍵不放
   向右拖曳「遮色片」滑桿
   確認蜥蜴邊緣為白色

白色就是銳利化作用的範圍

跟濾鏡遮色片的作用完全相同，黑色遮住濾鏡、白色顯示濾鏡。為了保護影像其他的範圍不受銳利化的影響，所以使用「遮色片」進行控制，濾鏡的邏輯都是相同的。

D> 增加影像銳利化

1. 位於「細部」面板中
2. 銳利化總量「38」

銳利化只會作用在邊緣？

是的！因為我們啟動了遮色片，限制了銳利化作用的範圍；但是「細部」面板會影響整張照片，因此銳利化的數值不宜太高。

E> 啟用局部控制

1. 單響「調整筆刷」工具
2. 單響「選項」按鈕
3. 執行「重設局部校正設定」
4. 面板中所有參數歸零

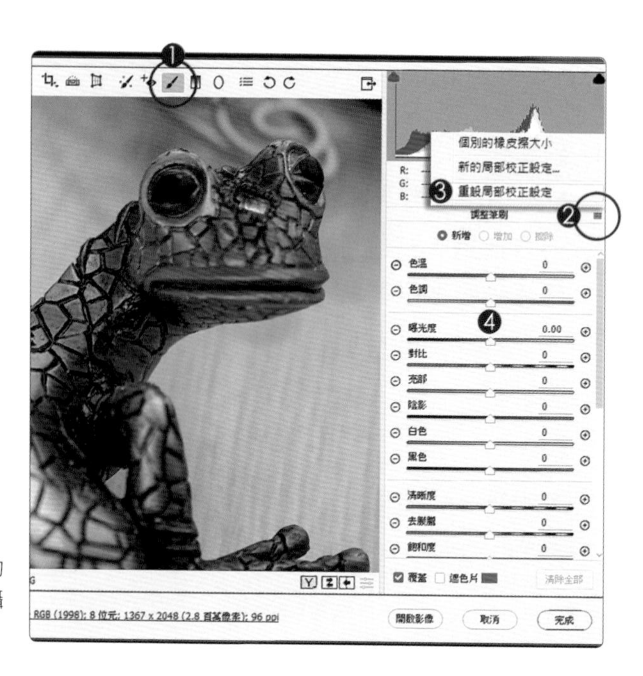

Camera Raw 還是不熟？

Camera Raw 絕對是所有攝影人要掌握的最佳編輯工具（真心推薦）楊比比的風景攝影後製專修，好書一本，值得選購。

F> 提高清晰度

1. 向右拖曳「清晰度」滑桿
   數值約為「40」
2. 拖曳筆刷塗抹蜥蜴眼睛
   或是其他需要清晰的區域

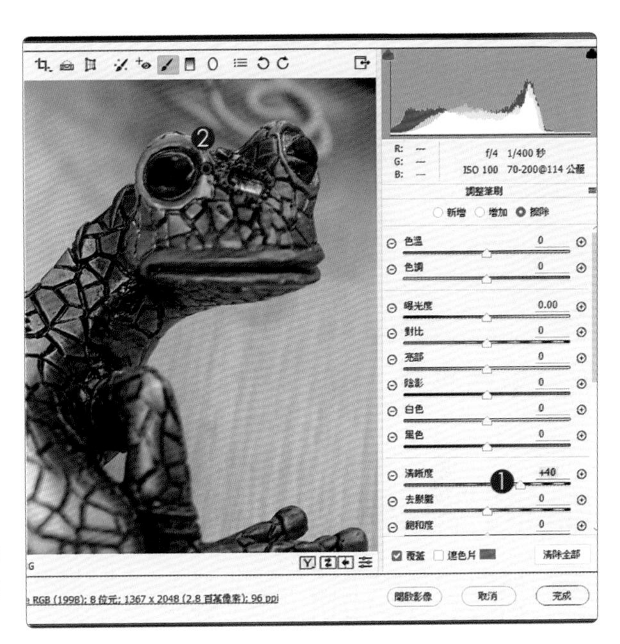

清晰度 40 似乎不夠明顯？

拖曳滑桿增加數值，就能影響調整筆刷目前的作用區域；若是清晰度拉到 100，還不夠明顯（那就太可怕了），可以考慮再複製。

G> 結束 Camera Raw

1. 雙響「手形工具」
   相當於顯示全頁
2. 單響「完成」按鈕
   將編輯數據保留下來
   並結束 Camera Raw

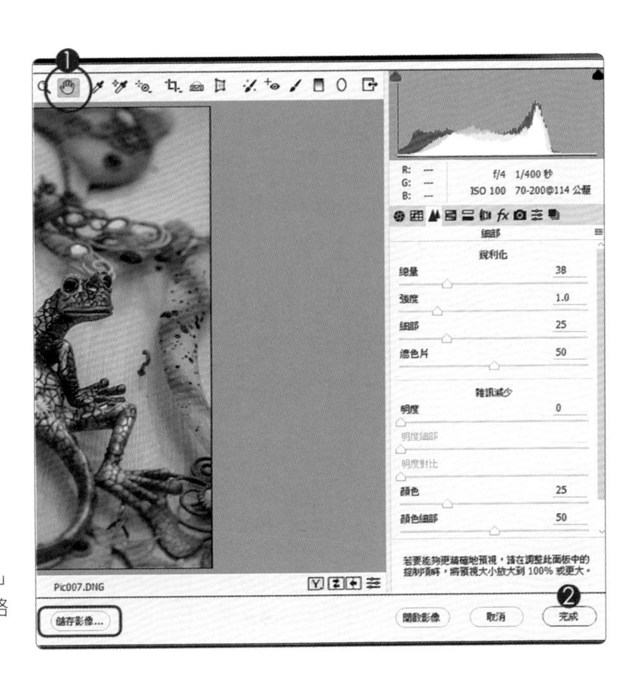

也可以「另存新檔」對吧？

正確！單響視窗左下角（紅框）「儲存影像」按鈕，能將照片以 JPG、TIF、或是 DNG 格式儲存下來，相當於「另存新檔」。

西班牙 隆達　1/250sec f4 ISO100　攝影：楊比比

攝影師專用
高強度清晰濾鏡

適用版本　Adobe Photoshop CC2015
參考範例　Example\02\Pic008.DNG

A > 開啟 DNG 格式

1. 啟動 Adobe Bridge
2. 開啟檔案資料夾 Example\02
3. 單響 Pic008.DNG
4. 在 Camera Raw 中開啟

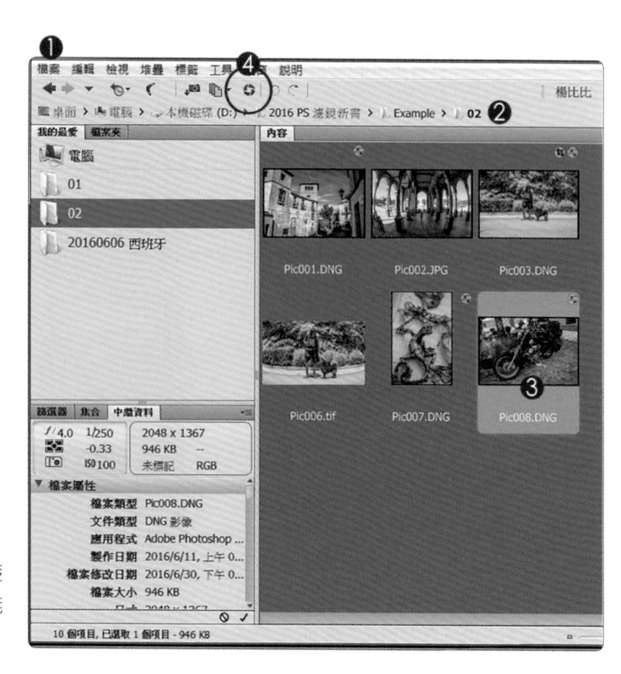

因為老爺喜歡復古車種，楊比比也弄不清楚哪些車型屬於復古，只能見車就拍，應該能撞上幾台老爺喜歡的款式（嘿嘿）。

B> 啟動 Camera Raw

1. 啟動 Camera Raw
2. 右側「基本」面板
3. 已經進行基本曝光色調控制
4. 按著 Shift + 開啟物件

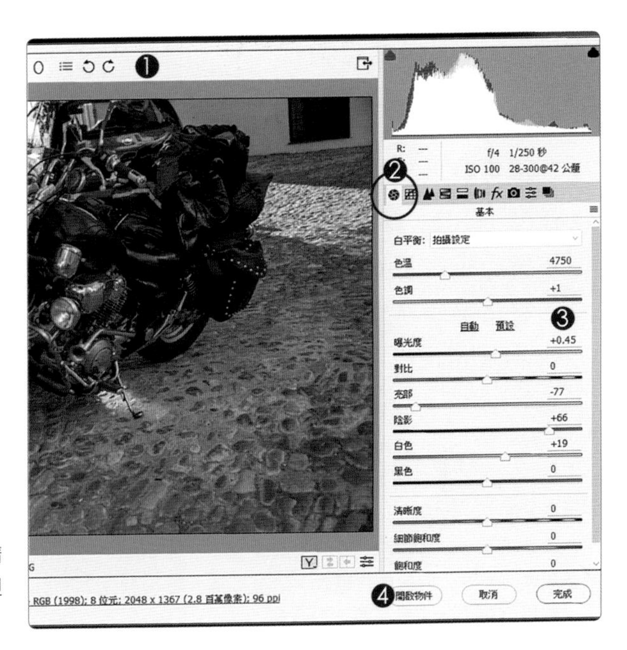

不使用 Camera Raw 的清晰？

楊比比特別偏愛 Camera Raw 程式中的「清晰度」與「細部」面板中的「銳利」，但 Photoshop 也不是弱者，來看看她的濾鏡。

C> 啟動顏色快調濾鏡

1. 圖層面板中
2. 顯示智慧型物件圖層
3. 功能表「濾鏡」
4. 選單「其他」
5. 執行「顏色快調」

濾鏡功能表中的銳利化？

那些都是不值得一提的入門款；「顏色快調」才是大款（哈哈），要玩就玩厲害的，來看看「顏色快調」的控制程序。

D> 顏色快調強度控制

1. 開啟「顏色快調」對話框
2. 確認勾選「預視」
3. 強度「2.0」像素
4. 單響「確定」按鈕
   別被濾鏡的結果嚇到

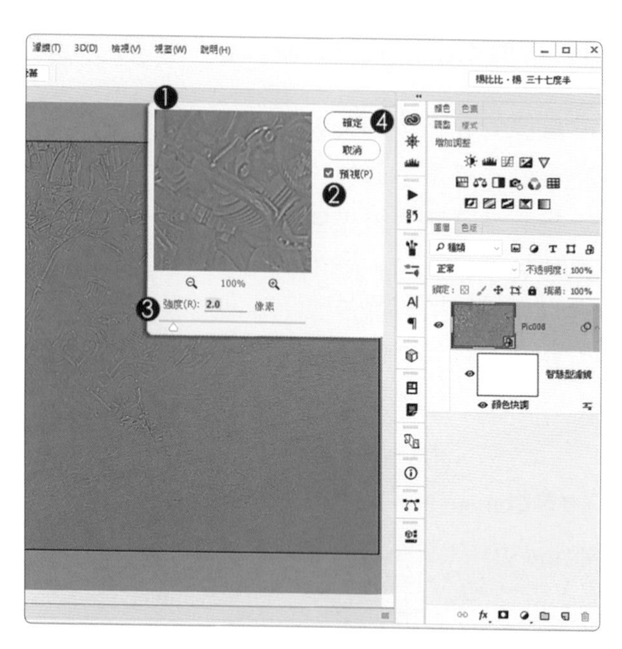

強度 2.0 是指？

顏色快調「強度」：顏色交界的邊緣寬度。數值越大，銳利化的範圍也越大。建議將強度控制在「1 - 2 」像素之間。

E> 啟動濾鏡混合選項

1. 雙響「混合選項」按鈕
2. 模式「覆蓋」
3. 不透明「100」%
4. 單響「確定」按鈕

差異不大？

同學可以試著單響圖層「顏色快調」前方的眼睛圖示，反覆執行「關閉 / 開啟」濾鏡的動作，就能看出差異；相當強烈的效果。

F> 來！我們看清楚一點

1. 雙響「縮放顯示工具」
   顯示比例自動調整為 100%
2. 按著「空白鍵」不放
   切換到「手形工具」狀態
   拖曳編輯區的照片
3. 濾鏡遮色片為白色
   顏色快調作用在整張照片中

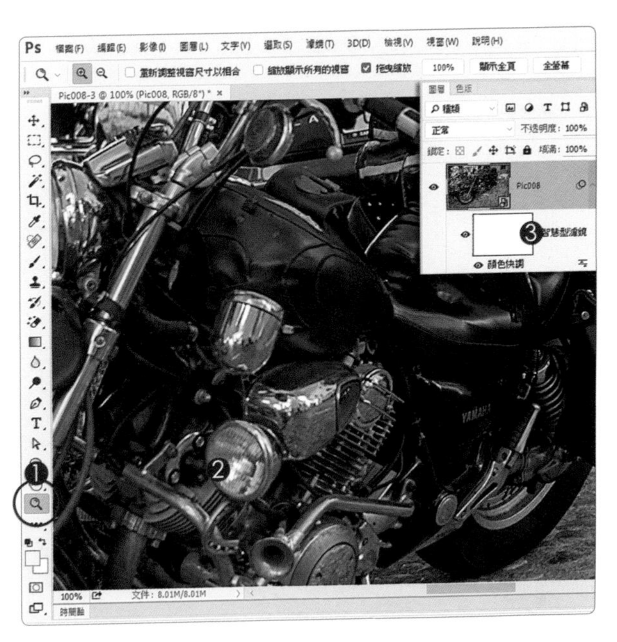

機車以外的區域不需要銳利吧？

對！但目前濾鏡遮色片是白色，相當於透明，顏色快調濾鏡作用在整張照片中，所以我們得使用「黑白」筆刷控制遮色片。

G> 啟動負片效果

1. 雙響「手形工具」顯示全頁
2. 單響「濾鏡遮色片」
3. 按下 Ctrl + I (英文字母)
   啟動「負片效果」
   黑白對調

不需要銳利的區域大太

沒錯！只有機車的金屬區域需要銳利化，所以將濾鏡遮色片改為「黑色」遮住濾鏡效果，再以白色筆刷，刷出需要銳利的範圍。

H> 拉近照片才好觀察

1. 單響「縮放顯示工具」
2. 移動工具到需要拉近的位置 拖曳工具拉近影照片

縮放顯示工具不能拖曳控制？

試著啟動工具選項列中的「拖曳縮放」（紅框）；或是執行功能表「編輯 - 偏好設定」中的「效能」項目，啟動「圖形處理器」。

I > 設定筆刷工具

1. 單響「筆刷工具」
2. 單響選項列筆刷圖示
3. 設定筆刷尺寸與硬度
4. 指定前景色「白色」

筆刷尺寸快速鍵？

筆刷工具使用的狀態下，請先關閉中文輸入法，再按下鍵盤的左右中括號（[ ]）控制筆刷尺寸，請同學試試。

J> 刷出需要清晰的區域

1. 單響「濾鏡遮色片」
2. 拖曳白色筆刷
   塗抹機車的金屬區域

前景 / 背景色快速鍵

快速鍵「X」：交換前景色 / 背景色
快速鍵「D」：恢復前景色 / 背景色「黑白」

K> 完成編輯

1. 使用白色「筆刷工具」
   必要時單響 [縮小筆刷
   或是單響] 增加筆刷尺寸
   拖曳筆刷塗抹所有金屬區域

快速鍵「X」交換前景色與背景色

使用白色筆刷塗抹的過程中，可以隨時按下「空白鍵」切換到手形工具，拖曳調整照片的位置；或是按下「X」交換前景 / 背景的黑白顏色，以便隨時擦拭修改多餘的塗抹區域。

格拉那達 洞穴佛朗明哥秀　1/160sec f2.8 ISO 6400　攝影：洪懿德

影像穩定器
防手震濾鏡

適用版本　Adobe Photoshop CC2015
參考範例　Example\02\Pic009.JPG

A > 開啟 DNG 格式

1. 啟動 Adobe Bridge
2. 開啟檔案資料夾 Example\02
3. 單響 Pic009.JPG
4. 在 Camera Raw 中開啟

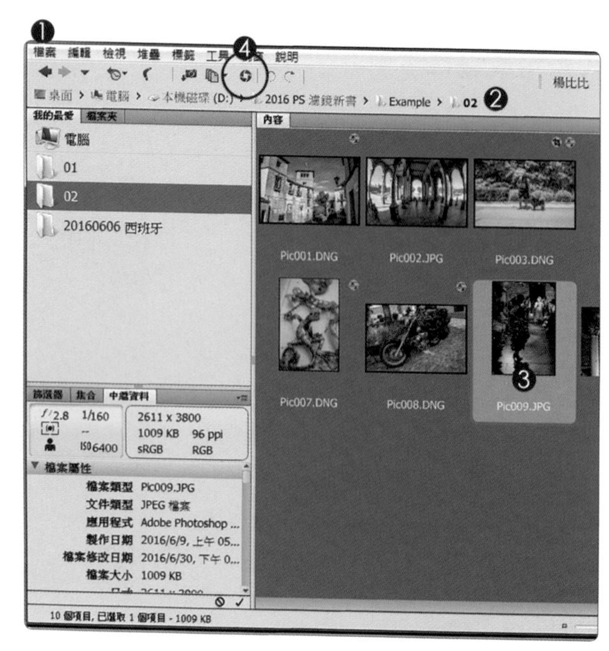

照片中是格拉那達相當知名的洞穴佛朗明哥舞蹈，現場的吉他伴奏、拍手、踢踏，與近身熱舞，能充分感受到西班牙那種帶有點拉丁、奔放的不羈性格。

B> 調整檢視比例

1. 啟動 Camera Raw
2. 檢視比例「100%」
   或是雙響「縮放顯示工具」
3. 單響「手形工具」
   拖曳影像找到舞者

為什麼要把檢視比例調整為 100%

為了能精確觀察雜點移除與清晰度數值調整的狀態，所以先將檢視比例調整為 100%。

C> 降低雜點與提高銳利化

1. 單響「細部」面板
2. 按著 Alt 按鍵不放
   向右拖曳遮色片滑桿
   直到白色顯示在邊緣上
   便能放開 Alt 按鍵
3. 銳利化總量約為「12」
4. 明度雜點減少約為「10」
5. 顏色雜點減少約為「10」
6. 按著 Shift 按鍵不放
   單響「開啟物件」按鈕

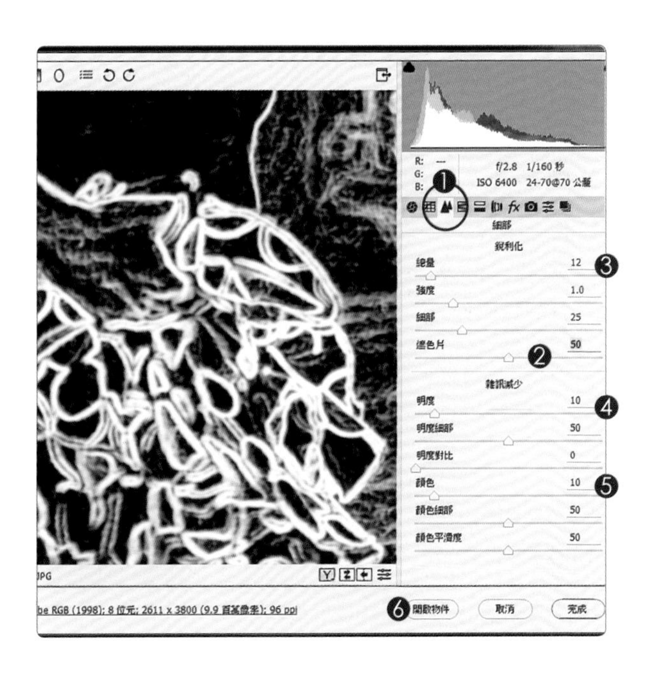

D> 調整影像尺寸

1. 功能表「影像」
2. 執行「影像尺寸」
3. 解析度「96」像素 / 英吋
4. 單位「像素」
5. 寬度「1520」
6. 單響「確定」按鈕

都忘了調整「影像尺寸」

沒關係！來複習一次套用濾鏡的程序：使用智慧型物件開啟檔案 → 調整影像尺寸 → 套用濾鏡 → 調整濾鏡作用範圍與混合選項。

E> 啟動防手震濾鏡

1. 智慧型物件圖層
2. 功能表「濾鏡」
3. 選取「銳利化」選單
4. 執行「防手震」濾鏡

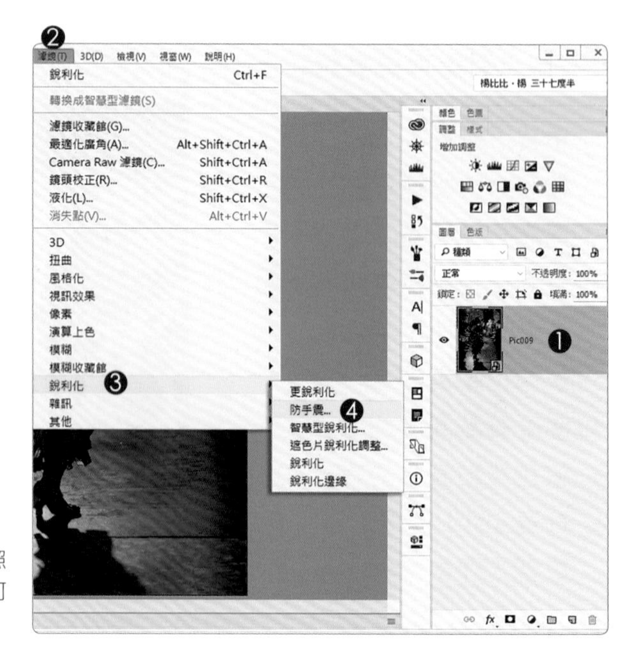

防手震的評價如何？

防手震其實評價不差，但必須了解晃動的照片，邊緣要拉回清晰，是會影響畫質，也可能帶出過度裂化的邊緣，得小心控制參數。

F> 防手震第一步

1. 雙響「縮放顯示工具」
2. 顯示比例自動調整為 100%
3. 按著「空白鍵」不放
   切換為「手形工具」
   拖曳編輯區照片找到舞者

檢視比例 100%

同學們請記得，套用影像銳利、清晰、減少雜訊這類濾鏡，得先將檢視比例調整為 100%，再調整參數，謝謝合作！

G> 建立模糊估算區

1. 開啟「預視」
2. 開啟「抑制不自然感」
3. 單響展開「進階」
4. 顯示模糊估算區
5. 拖曳調整範圍的大小
6. 模糊描圖邊界「20」像素

可以指定多個模糊估算區嗎？

沒問題，請單響「模糊估算工具」，再由編輯區中拖曳指標，拉出估算範圍。需要注意的是，估算範圍不能太小，否則不容易修正。

H> 模糊方向工具

1. 單響「模糊方向工具」
2. 拖曳指標拉出模糊方向
3. 模糊方向工具的參數為
   模糊描邊長度
   模糊描圖方向
4. 產生新的模糊方向估算區

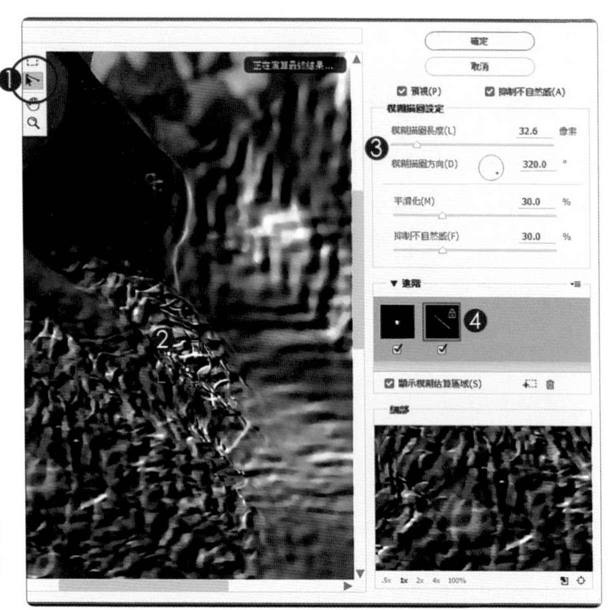

模糊方向是用來做什麼的？

如果照片沿著特定方向晃動，就可以使用「模糊方向工具」進行改善；但方向工具效果很強烈，使用時要特別注意參數的控制。

I > 關閉模糊估算區

1. 確認開啟「預視」模式
2. 取消模糊方向估算區的勾選
3. 編輯區移除方向模糊的控制

如何刪除估算區？

同學可以將不用的模糊估算區，拖曳到進階區域下方的「垃圾桶」圖示上，便能刪除。

J> 編輯模糊估算區

1. 單響需要編輯的估算區
2. 調整上方的參數
3. 單響「確定」結束濾鏡

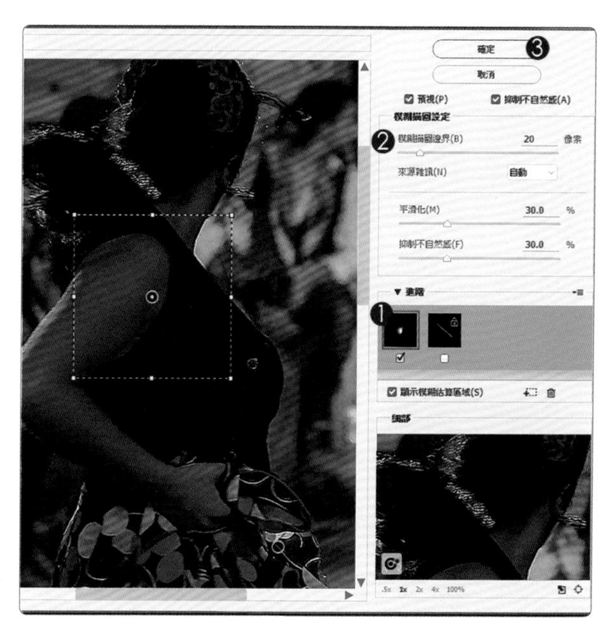

Adobe 建議的防手震參數

模糊描圖邊界「20 - 35」像素
來源雜訊「自動」
平滑化「30」
抑制不自然感「30」

需要特別注意的是「模糊描圖邊界」的數值必須依據模糊狀態調整，越模糊數值越高。

K> 調整濾鏡混合選項

1. 增加「防手震」濾鏡圖層
2. 雙響「混合選項」按鈕
3. 模式「明度」
4. 不透明「80」%
5. 單響「確定」按鈕

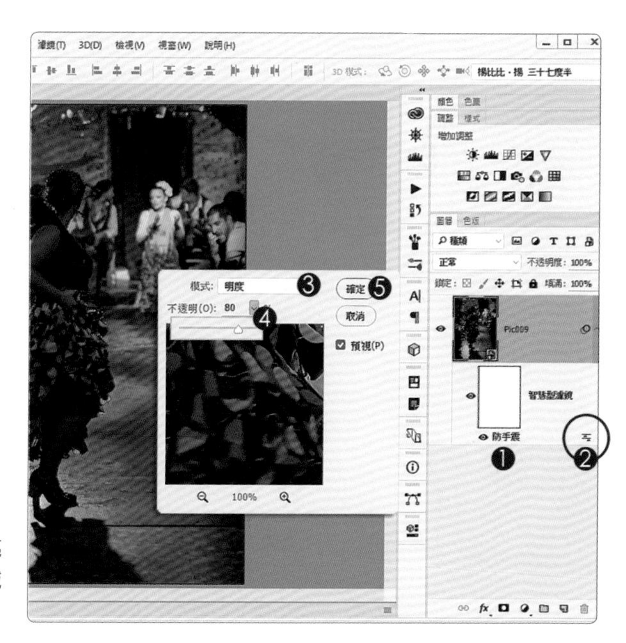

為什麼是明度？

因為高度清晰化後影像邊緣會產生明顯光亮感，而明度能提高很好的邊緣融合效果，減緩光亮 (或是光暈) 的產生，總之就是它囉！

03

Photoshop 光圈景深濾鏡

2016/06/07, 03:07pm Nikon D610 聖尼古拉斯廣場
1/800 秒 f/3.2 ISO 800 海拔 103.83m Photo by 莊 祐嘉

動態追焦
大光圈變焦
移軸模糊特效
背景模糊收藏館

光源光斑濾鏡

西班牙 哥多華 1/1250sec f6.3 ISO 200 攝影：莊祐嘉

營造
黃昏氣氛的光源

適用版本 Adobe Photoshop CC2015
參考範例 Example\03\Pic001.DNG

A＞開啟 DNG 格式

1. 啟動 Adobe Bridge
2. 開啟檔案資料夾 Example\03
3. 單響 Pic001.DNG
4. 在 Camera Raw 中開啟

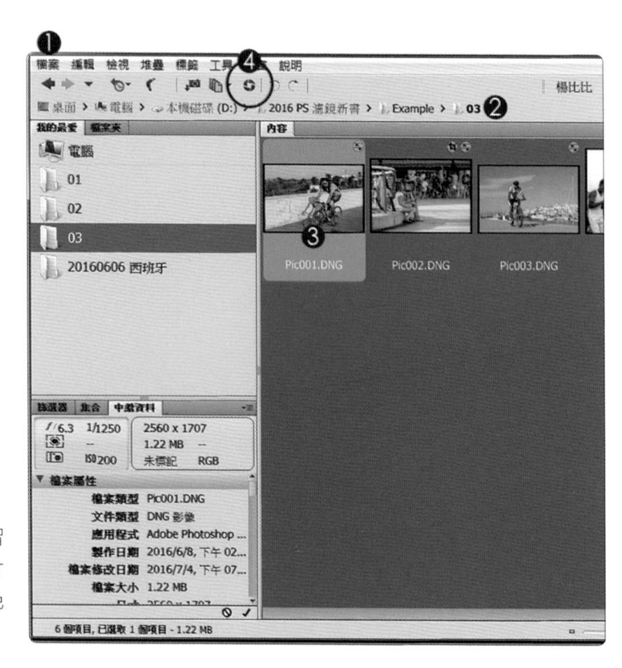

重頭複習一次

將由檔案開啟→啟動 Camera Raw→以智慧型物件進入 Photoshop→調整影像尺寸→套用濾鏡→調整濾鏡內容，還有濾鏡遮色片及儲存檔案，這個練習會比較長一些。

B> 開啟 Camera Raw

1. 啟動 Camera Raw 程式
2. 按著 Shift 不放
   單響「開啟物件」按鈕

清晨、黃昏不說，即便是烈日當頭的正午時分，都能見到揮汗運動的西班牙帥哥（也有美女啦），唉！真的是要起來動一動了，寫了整整四小時的稿子，腰都快僵囉！

C> 調整影像尺寸

1. 智慧型物件圖層
2. 功能表「影像」
3. 執行「影像尺寸」
4. 解析度「96」像素 / 英吋
5. 單位「像素」
6. 寬度「1520」
7. 單響「確定」按鈕

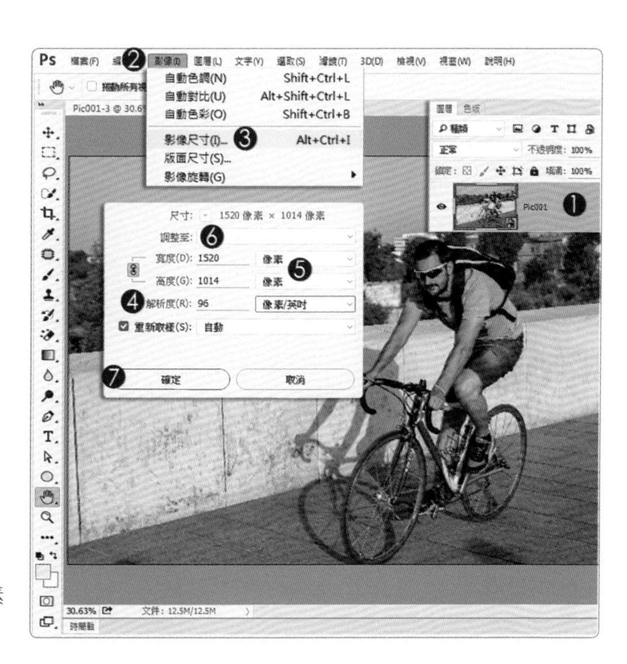

依據輸出狀態指定影像單位

螢幕上觀看（放在 FB）解析度為 72-96 像素 / 英吋，影像單位「像素」。

D> 多多使用檢視工具

1. 雙響「手形工具」
2. 編輯區照片「顯示全頁」

盡量讓自己看得舒服一些

即使是 24 吋的螢幕，也要保持一定的距離（天呀！楊比比真是太囉嗦了），多多運用「縮放顯示工具」與「手形工具」，適時調整照片的顯示狀態，別讓眼睛太累。

E> 啟動光源效果濾鏡

1. 功能表「濾鏡」
2. 選取「演算上色」選單
3. 執行「光源效果」
4. 啟動光源效果濾鏡

光源效果濾鏡會佔據整個畫面

看全螢幕的架式就知道「光源效果」肯定是個新濾鏡，還是個相當直覺、功能明確的好濾鏡，不囉嗦！馬上來看看用法。

F> 調整光源位置與類型

1. 指定光源類型「聚光燈」
2. 移動指標到內側橢圓
   拖曳調整光源中心位置
3. 環境光「100」
   維持照片原有的曝光狀態

光源的範圍跟圖片上的不一樣？

沒關係，慢慢調整；預設的光源效果為「聚光燈」顏色也是鵝黃色，同學可以試著變更聚光燈的顏色，改變燈光色溫。

G> 調整光源強度與範圍

1. 調整縮放顯示比例
   能完整顯示光源控制線
   大約為「20%」
2. 聚光燈強度「24」
3. 拖曳白色內圈縮小聚光範圍

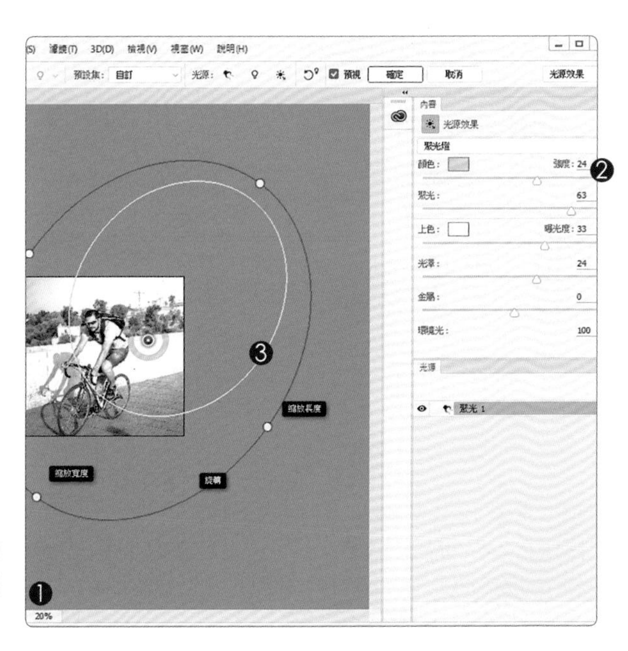

指標移動到控制線上

聚光燈有兩組控制線，請試著將指標移動到控制線上，內側橢圓能控制聚光範圍；外側橢圓能調整光源區域的縮放與旋轉角度。

H > 移除凹凸紋理

1. 調整顯示比例拉近影像
2. 紋理「無」關閉浮雕效果
3. 單響「確定」按鈕

可以同時建立很多組光源嗎？

可以！單響視窗上方光源旁的任何一個光源圖示，就能編輯區中增加聚光燈、點光，或是無限光，最多可以增加 16 個光源。

I > 新增智慧型濾鏡

1. 圖層面板中
2. 增加「光源效果」濾鏡

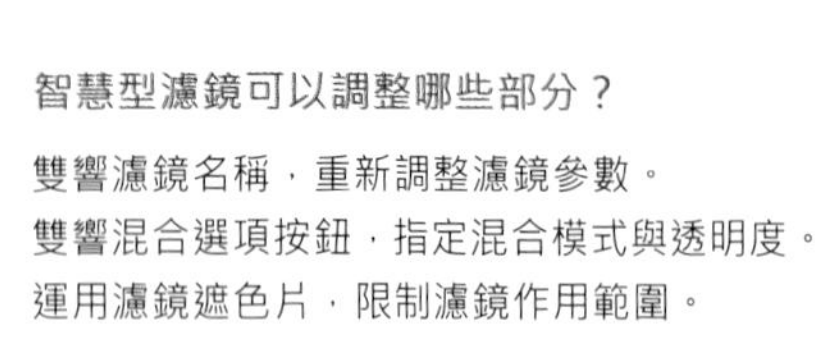

智慧型濾鏡可以調整哪些部分？

雙響濾鏡名稱，重新調整濾鏡參數。
雙響混合選項按鈕，指定混合模式與透明度。
運用濾鏡遮色片，限制濾鏡作用範圍。

J> 再次調整濾鏡內容

1. 雙響「光源效果」
2. 啟動光源效果視窗
3. 降低曝光度
   能減少人物上的過曝狀態
4. 單響「確定」按鈕

光源效果還有什麼好玩的嗎？

Adobe 在「預設集」（紅框）選單中放置了許多燈光組合，有興趣的同學可以試試，也藉此了解光源效果可能的組合，挺有趣的。

K> 反光效果濾鏡

1. 功能表「濾鏡」
2. 選取「演算上色」選單
3. 執行「反光效果」濾鏡
4. 拖曳十字點指定反光位置
5. 指定鏡頭類型
6. 調整「亮度」
7. 單響「確定」按鈕

鏡頭類型有點少？

沒錯！喜歡玩光斑、反光效果的同學，可以試試 Knoll Light Factory，它能依據光源位置營造出非常特別的炫光感，很棒喔！

L> 濾鏡在圖層中的位置

1. 光源效果先執行
   放置在圖層下方
2. 反光效果後套用
   放置在光源效果之上

濾鏡在圖層中的位置有什麼差別嗎？

試著雙響「光源效果」濾鏡，就能看到如右圖般的訊號，說明無法在編輯區預視濾鏡內容，單響「確定」按鈕後，就能進入濾鏡內進行編輯。但同學放心，這完全不影響，因為光源效果有自己的視窗，完全不需要透過編輯區預視濾鏡狀態，新濾鏡就是厲害！

M>濾鏡遮色片上場

1. 單響「濾鏡遮色片」
2. 單響「筆刷工具」
3. 指定前景色「黑色」
4. 單響選項列的筆刷圖示
   適度調整筆刷尺寸與硬度
5. 拖曳筆刷塗抹騎士

需要很精準嗎？

不用。先使用「縮放顯示工具」（紅圈）拉近照片，再使用「黑色」筆刷遮蓋騎士，必要時可以按「X」交換前景 / 背景色，以「白色」筆刷，擦拭多餘的黑色遮色。

N> 淡化遮色片濃度

1. 雙響「濾鏡遮色片」
2. 開啟「內容」面板
3. 拖曳滑桿降低「濃度」
   數值約為「57%」
4. 濾鏡遮色片黑色變為灰色
   騎士亮度顯得比較自然

內容面板中的「羽化」作用是？

羽化相當於筆刷中的「硬度」，也就是邊緣模糊的範圍，數值越大，邊緣越模糊；需要柔化遮色邊界時，可以適度調整。

O> 另存為 TIF 格式

1. 功能表「檔案」
2. 執行「另存新檔」
3. 輸入「檔案名稱」
4. 存檔類型「TIFF」
5. 確認勾選「圖層」
6. 單響「存檔」按鈕
7. 影像壓縮「LZW」
8. 單響「確定」

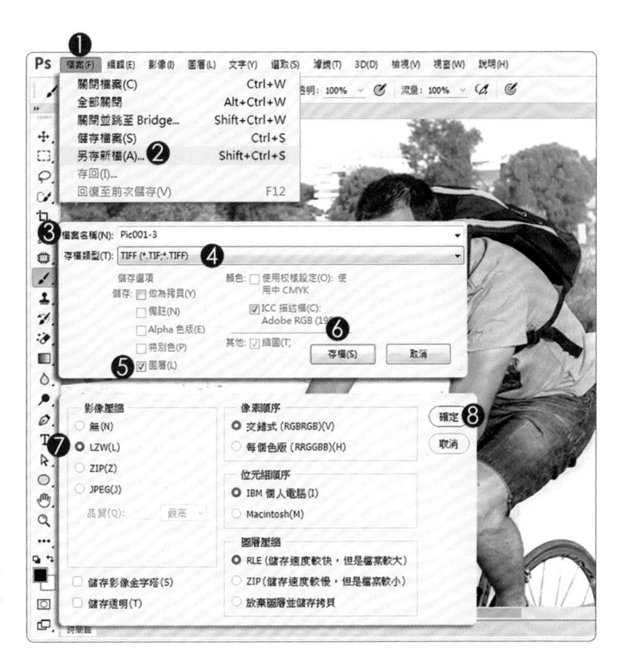

跑了一次完整的濾鏡套用程序，相信能加深同學對於濾鏡編輯與套用的記憶。現在，楊比比要去煮飯了，大家起來動一動吧！

模糊收藏館
攝影師專用景深控制濾鏡

模糊收藏館是 Photoshop CC 系列專為攝影師推出的景深控制濾鏡；收藏館中包含「景色」、「光圈」、「傾斜」、「路徑」、「迴轉」五款相當直覺的景深模糊濾鏡，收藏館內的濾鏡還可以交互使用，十分彈性。

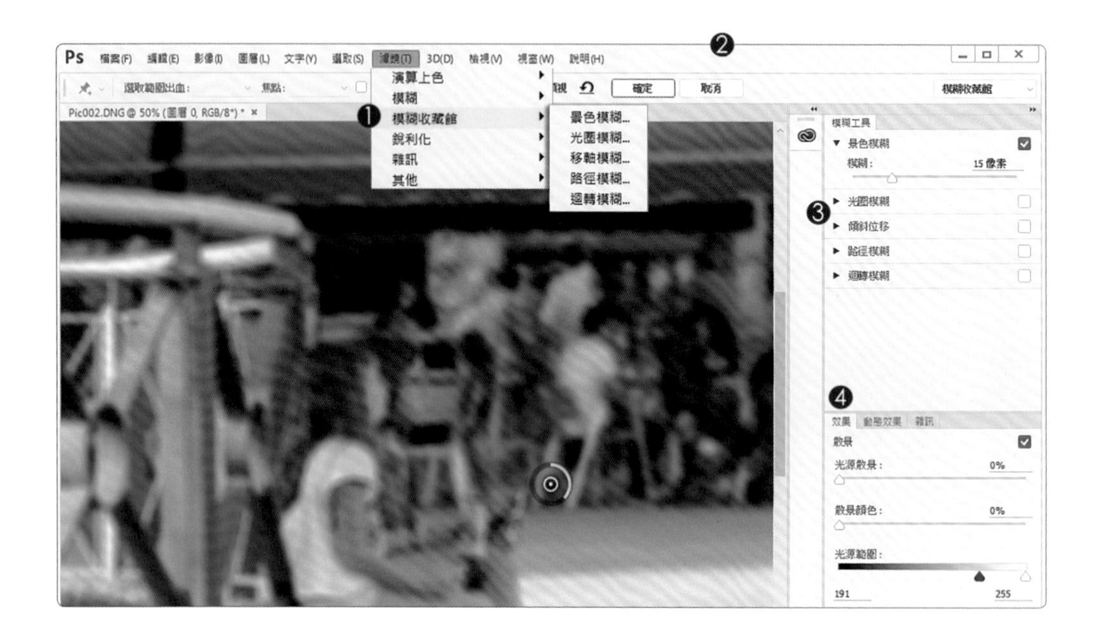

模糊收藏館介面環境

新的就是不一樣，模糊收藏館沒有對話框，一啟動控制畫面與 Photoshop 編輯環境相同；不知道這是經過考慮，還是為了省時，剛開始有些不習慣。

1. 選取功能表「濾鏡 - 模糊收藏館」選單，執行其中的任何一項濾鏡。
2. 模糊收藏館編輯畫面佔滿全螢幕。
3. 右側面板可以隨時變更模糊濾鏡，或是同時運用多組濾鏡。
4. 模糊濾鏡還能配合視窗下方的「效果、動態效果、雜訊」展現不同風貌。

模糊收藏館
取代傳統模糊濾鏡

Photoshop 中 80% 以上都是資深濾鏡，不論是運算方式、處理手法都相當老舊，但 Adobe 仍為了用戶保留下來；現在，讓我們一起來改改習慣，使用「模糊收藏館」中新的濾鏡，來取代舊有的模糊濾鏡系統。

模糊收藏館取代常用模糊濾鏡

剛剛看了 Adobe 的濾鏡手冊，引述出來同學看看「高斯模糊、動態模糊偶爾在選取區域邊緣附近會產生非預期的視覺效果」，「非預期」這三個字挺有趣的，像是交代了什麼，其實什麼都沒有說，厲害！

▲ 高斯模糊：強度 10 像素

▲ 景色模糊：強度 10 像素

相同的強度下「景色模糊」沒有「高斯模糊」那麼強烈；但換一個角度來看「模糊收藏館」中的濾鏡，運算像素的過程顯得更謹慎、更細膩。

模 糊 收 藏 館		傳統模糊濾鏡
景色模糊	取代	高斯模糊
光圈模糊	取代	鏡頭模糊
路徑模糊	取代	動態模糊
迴轉模糊	取代	放射狀模糊

模糊收藏館

梅里達　1/200sec f5 ISO200　攝影：莊祐嘉

人像專用
雙層柔焦濾鏡

適用版本　Adobe Photoshop CC2015
參考範例　Example\03\Pic002.DNG

A > DNG 開啟為智慧型物件

1. 請由 Adobe Bridge 中
   開啟 Pic002.DNG
   透過 Camera Raw
   配合 Shift 按鍵
   以「開啟物件」方式
   進入 Photoshop
2. 顯示智慧型物件圖層

不用太緊張 ...

從這個範例開始，同學們必須自己開啟檔案，透過 Camera Raw 以智慧型物件進入 Photoshop，沒問題吧！（握拳）

B> 套用高斯模糊濾鏡

1. 功能表「濾鏡」
2. 選取「模糊」選單
3. 執行「高斯模糊」
4. 強度「10」像素
5. 單響「確定」按鈕
6. 加入高斯模糊濾鏡

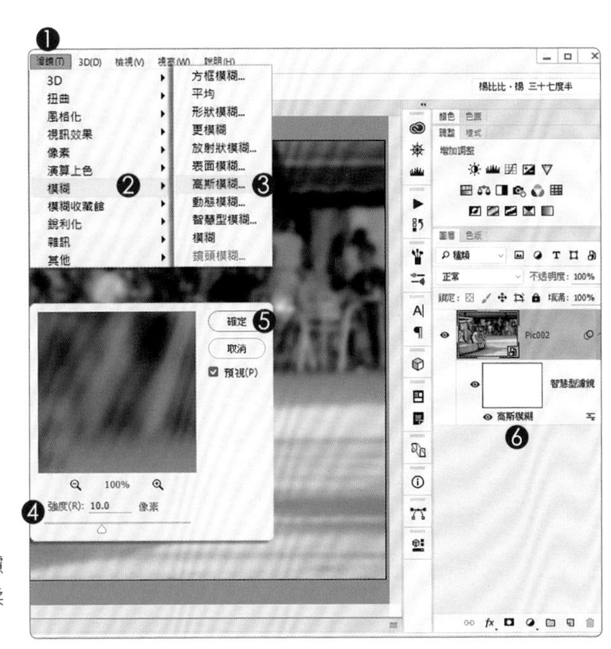

最老派的柔焦濾鏡

「高斯模糊」幾乎是所有攝影人都玩過的濾鏡，牌子老、信用也不差，加上混合選項「柔光」之後，柔焦感就能顯現出來。

C> 變更濾鏡混合模式

1. 雙響「混合選項」圖示
2. 模式「柔光」
3. 降低不透明「52」%
4. 單響「確定」按鈕

為什麼是柔光？

柔光是一種疊加運算方式，能將原始圖層與濾鏡的效果相互加疊，形成類似於柔焦鏡的效果；降低不透明可以改善濃烈的顏色。

D> 拷貝智慧型物件圖層

1. Pic002 名稱上單響右鍵
2. 透過拷貝新增智慧型物件
3. 拷貝出相同的物件圖層

為什麼要拷貝圖層？

兩個目的。第一、讓同學看到兩個類似卻又有些小差異的模糊濾鏡。第二、兩組濾鏡所需要遮色狀態不同。來吧！先往下執行。

E> 刪除高斯模糊濾鏡

1. 拖曳高斯模糊濾鏡
2. 到垃圾桶按鈕上
3. 刪除濾鏡後的圖層狀態

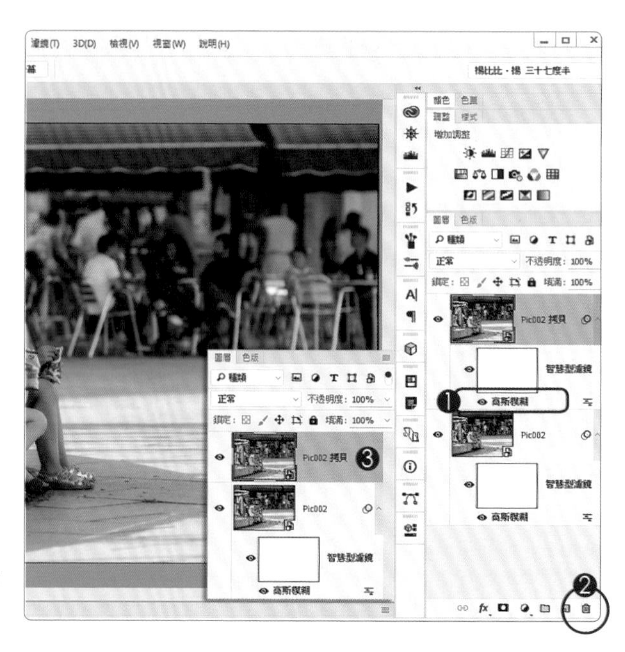

刪除時，該拖曳濾鏡名稱還是遮色片？

都可以，兩者是綁在一起的，只要將濾鏡或是遮色片拖曳到垃圾桶圖示上，便能刪除。

F> 啟動模糊收藏館

1. 單響「Pic002 拷貝」圖層
2. 功能表「濾鏡」
3. 選取「模糊收藏館」選單
4. 執行「景色模糊」
5. 開啟模糊收藏館視窗

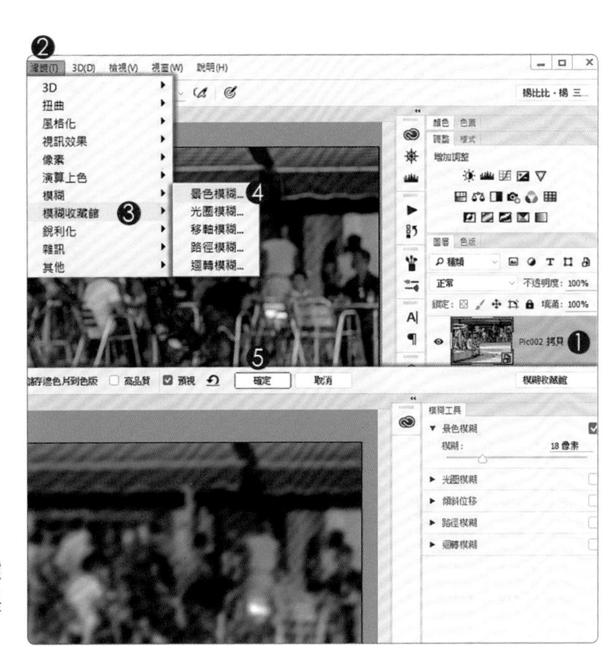

模糊收藏館也是新濾鏡？

沒錯！跟「光源效果」相同，都是嶄新的濾鏡，全新的視窗、全新的運算方式 ... 但還是有點美中不足的小缺陷，來看看。

G> 景色模糊效果

1. 開啟「預視」模式
2. 勾選「景色模糊」
3. 模糊「18」像素
4. 單響「效果」面板
5. 光源散景「24」
6. 散景顏色「18」
7. 光源範圍「191 - 255」

效果的作用是？

使模糊區域出現明顯的光亮（光源散景）並提高散景的顏色；光源範圍則是依據明暗控制散景光亮的範圍。

H> 增加散景區域的雜訊

1. 單響「雜訊」面板
2. 雜訊分布狀態「高斯」
3. 數量「3%」
4. 顏色「0%」表示單色
5. 單響「確定」按鈕結束濾鏡

景色模糊視窗中間的控制點作用是？

同學試著將指標移動到外側的圓弧上（如箭頭所指）‧拖曳指標能改變景色模糊的數值。

I > 比較兩款濾鏡

這段我們就不寫步驟了‧來玩玩眼力大考驗‧除了濾鏡名稱不同之外‧還有哪裡不同？

發現了吧‧模糊收藏館不提供混合選項（驚）這就有點小家子氣了‧沒有理由不提供。

如果需要混合模式怎麼辦？

這就是楊比比把模糊收藏館獨立出來的原因一個圖層‧搭配一個濾鏡‧便可以直接使用圖層面板上的「混合選項」（紅框）。

J> 改變圖層混合模式

1. 單響選取 Pic002 拷貝
2. 混合模式「濾色」
3. 不透明度「80%」

如果只有一個圖層可以這樣玩嗎？

不行；圖層混合模式是指上面的圖層採用不同的運算方式，與下方圖層進行結合，如果只有一個圖層，就沒有融合的對象囉。

K> 建立遮色區域

1. 單響模糊收藏館遮色片
2. 單響「筆刷工具」
3. 單響選項列筆刷圖示
   指定筆刷尺寸與硬度
4. 前景色「黑色」
5. 拖曳筆刷塗抹兩個小女孩

考慮降低遮色片黑色濃度

會做吧！雙響遮色片，到「內容」面板中降低「濃度」數值。另外提一下，筆刷尺寸可以使用左右中括號（[ ]）來進行控制。

阿維拉　1/800sec　f7.1　ISO200　攝影：莊祐嘉

多點對焦
景色模糊濾鏡

適用版本　Adobe Photoshop CC2015
參考範例　Example\03\Pic003.DNG

A＞DNG 開啟為智慧型物件

1. 請由 Adobe Bridge 中
   開啟 Pic003.DNG
   透過 Camera Raw
   配合 Shift 按鍵
   以「開啟物件」方式
   進入 Photoshop
2. 顯示智慧型物件圖層
3. 功能表「濾鏡」
4. 選取「濾鏡收藏館」選單
5. 執行「景色模糊」濾鏡

B> 調整對焦點模糊狀態

1. 拖曳對焦點到照片上方
2. 拖曳對焦點外側環
   如箭頭所指的位置
   調整模糊數值
3. 面板中參數隨著變更

不能直接調整面板中的參數嗎？

可以！肯定可以！問題在於，一旦對焦點數量增加，由面板控制參數就顯得不夠直覺。

C> 增加對焦點

1. 單響下方小朋友的臉部
   增加對焦點
   拖曳外側控制環
2. 模糊參數為「0」像素

類似於現在熱門的指定對焦

現在有許多新款相機，可以拍完照片之後再指定哪裡要清晰、哪裡要模糊；景色模糊玩的就是這招，很有趣吧！

D> 調整顯示比例

1. 功能表「檢視」
2. 執行「100%」
   或是按 Ctrl + 1 (數字)
3. 顯示比例為「100%」

功能表也能同時使用

不錯吧！模糊收藏館執行的當下，上方的檢視功能表也能同時使用，相當方便喔！

E> 增加對焦點

1. 單響需要對焦的人物
   增加對焦點
   拖曳外側環調整模糊數值
2. 面板中顯示模糊「0」像素

如何刪除對焦點？

兩個步驟。請先單響需要刪除的對焦點，再按下鍵盤上的「Delete」。

F> 顯示全頁

1. 功能表「檢視」
2. 執行「顯示全頁」
   或是按 Ctlr + 0 (數字)
3. 下方四組紅圈處的對焦點
   模糊數值都是「0」像素

對焦點數量有限制嗎？

這個 Adobe 手冊上沒有特別說明，但是目前還沒有碰到障礙，17、8 個沒有問題。

G> 增加對焦點效果

1. 上方增加四組對焦點
   模糊數值約在「25」左右
2. 單響「效果」面板
3. 光源散景「40%」
4. 散景顏色「11%」
5. 單響「確定」按鈕
6. 圖層增加模糊收藏館濾鏡

每一個對焦點都要指定「效果」嗎？

不需要。效果面板中的參數設定後，會影響所有模糊數值高於「1」像素的聚焦點。

薩拉曼卡廣場 1/400sec f4.0 ISO640 攝影：洪 懿德

控制景深範圍
光圈模糊濾鏡

適用版本 Adobe Photoshop CC2015
參考範例 Example\03\Pic004.DNG

A > DNG 開啟為智慧型物件

1. 請由 Adobe Bridge 中
   開啟 Pic004.DNG
   透過 Camera Raw
   配合 Shift 按鍵
   以「開啟物件」方式
   進入 Photoshop
2. 顯示智慧型物件圖層
3. 功能表「濾鏡」
4. 選取「濾鏡收藏館」選單
5. 執行「景色模糊」濾鏡

B> 變更模糊濾鏡

1. 取消「景色模糊」的勾選
2. 單響箭頭圖示折合景色模糊
3. 單響箭頭圖示展開光圈模糊
4. 勾選「光圈模糊」濾鏡

模糊收藏館中的濾鏡是可以切換的

進入模糊收藏館視窗後，可以依據需求切換收藏館內的五組模糊濾鏡，非常彈性。

C> 放大顯示照片

1. 拖曳對焦點到下方女士臉部
2. 功能表「檢視」
3. 執行「放大顯示」

使用快速鍵前請關閉中文輸入法

「放大顯示」快速鍵：Ctrl + +（加記號）
「顯示全頁」快速鍵：Ctrl + 0（數字）
「100%」快速鍵：Ctrl + 1（數字）

D> 控制光圈模糊強度

1. 移動指標到對焦點上
   拖曳外側環狀提高
   對焦點外的模糊狀態
2. 面板顯示模糊「22」像素

正常來說，光圈模糊的對焦點數量不會太多，可以在選取對焦點後，調整面板數值。

E> 調整清晰範圍

1. 拖曳光圈外側控制線
   調整對焦範圍
2. 拖曳方形控制點
   改變對焦範圍的形狀
3. 拖曳圓形控制點
   旋轉對焦範圍

對焦範圍外側控制線，能調整對焦面積、變更對焦形狀，並旋轉對焦範圍的顯示角度。

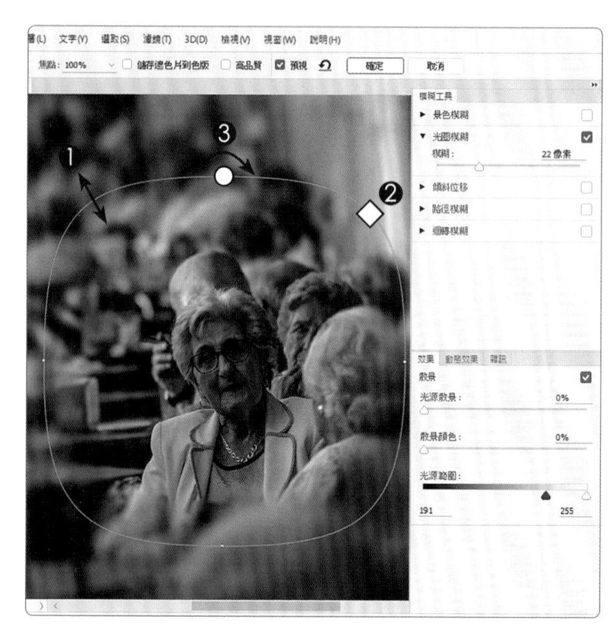

F> 控制對焦銳利區域

1. 拖曳內側控制點
   上下左右四點同時移動
2. 按著 Alt 按鍵不放
   拖曳內側控制點
   單獨移動一側

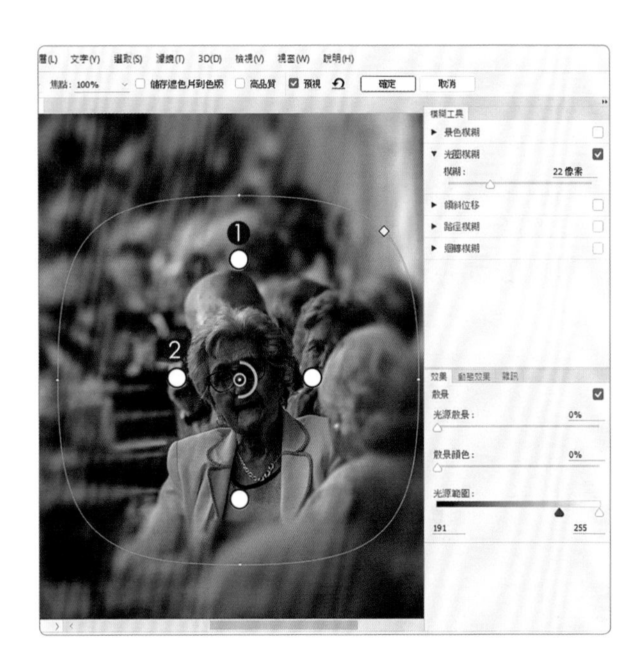

光圈模糊控制區

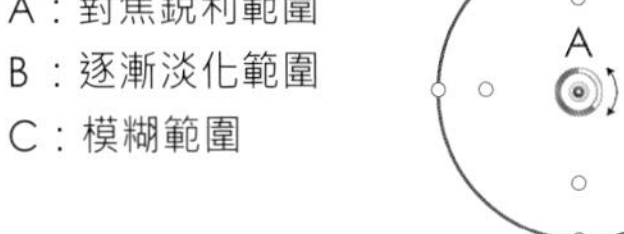

G> 增加景深效果

1. 功能表「檢視」
2. 執行「顯示全頁」
3. 單響「效果」面板
4. 光源範圍「160 - 255」
5. 光源散景「20%」
6. 散景顏色「30%」
7. 單響「確定」結束光圈模糊

光源範圍跟散景有什麼關係？

兩者之間的關係有點複雜，單靠文字說不清楚，請同學翻頁，一起看看後面的說明。

模糊收藏館
景深效果控制

模糊收藏館內的「效果」面板，適用於「景色」、「光圈」、「傾斜」三款模糊濾鏡；「效果」面板內的光源散景、散景顏色，與光源範圍，都是用來控制模糊區域（或說「失焦區域」）的亮度與顏色，來看看下面的圖例。

光源散景與散景顏色會依據「光源範圍」內的明度，提高該區域的曝光，與顏色。

光源範圍內的明度區域，會受到光源散景「50%」與散景顏色「30%」的影響。

擴大光源範圍偵測區域，相同的數值下，模糊範圍內光源散景與散景顏色的面積更大。

模糊收藏館
雜訊控制項目

模糊收藏館中的「景色」、「光圈」、「傾斜」、「路徑」、「迴轉」五款模糊濾鏡皆能套用「雜訊」面板中的設定；藉以在模糊範圍中適度加入「粒狀」、「一致」、「高斯」三種不同效果的點狀顆粒。

粒狀：建立與 Camera Raw 效果（Fx）面板中，「粒狀」項目中相同的顆粒感。

一致：雜點平均分布在模糊區域中；提高「顏色」能增加雜點的彩度，產生彩色雜點。

高斯：相對於「一致」高斯雜點顯得比較不平均；拉高顏色數值，顯示出彩色雜點。

模糊收藏館

阿維拉 阿索格霍廣場　1/400sec f8.0 ISO100　攝影：楊 比比

移軸的模型世界
傾斜位移濾鏡

適用版本　Adobe Photoshop CC2015
參考範例　Example\03\Pic005.DNG

A＞選擇適合移軸的照片

以智慧型物件進入 Photoshop 的程序，相信同學都熟了，那就直接切入主題，談談哪些照片適合套用移軸濾鏡：

俯拍的高角度照片：比較符合我們觀看模型組合的視角。

建立高飽和度的效果：因為模型物件的顏色都比較飽和。

遠距離拍攝。光圈不要太小

主題物件（人物）最好小一些

B> 先來高飽和

1. 開啟「調整」面板
2. 單響「自然飽和度」
3. 自動新增調整圖層
4. 自動彈出「內容」面板
5. 自然飽和度「+100」
6. 飽和度「+20」
7. 單響按鈕收起面板

自然飽和度與飽和度的差異是？

自然飽和度能適度保護膚色（橘黃色），且在不裂化顏色的狀態下提高彩度；飽和度的效果強烈而明顯，容易產生明顯的色彩裂化。

C> 移軸準備開工

1. 單響下方 Pic005 圖層
2. 功能表「濾鏡」
3. 選取「模糊收藏館」
4. 執行「移軸模糊」

確認圖層後，再執行濾鏡

同學試試單響「自然飽和度」調整圖層，再選取「模糊收藏館」如何？不能啟動吧！記得，先確認圖層，再執行濾鏡或是其他指令。

D> 指定對焦點位置

1. 啟動「傾斜位移」
2. 預設模糊「15 像素」
3. 移動指標到對焦點上
   向下拖曳到人群中

怎麼不是「移軸模糊」？

應該是翻譯的問題，功能表與濾鏡內容名稱不統一，同學放心「移軸模糊」就是視窗內的「傾斜位移」，兩者是相同的。

E> 控制模糊範圍

1. 提高模糊數值為「25 像素」
2. 朝對焦點方向拖曳虛線
   增加上方的模糊範圍
3. 按著 Alt 不放拖曳虛線
   上下兩條同時移動

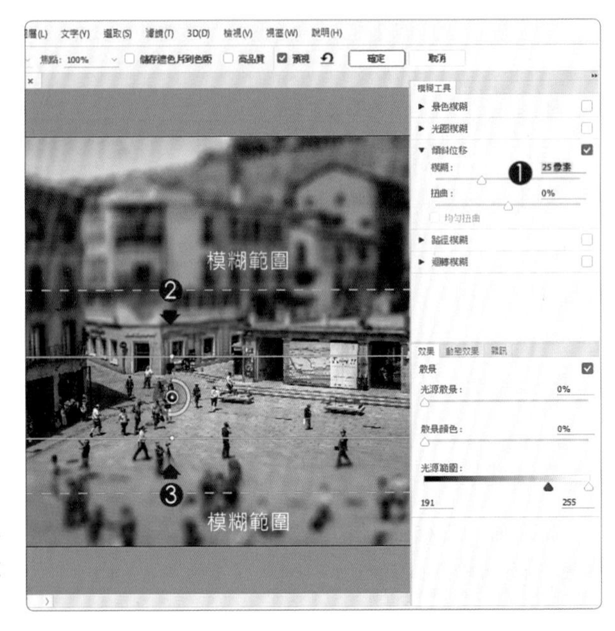

虛線以外為模糊範圍

移軸效果需要很淺、且與主題很接近的淺景深，可能狀態下，虛線盡量往對焦點方向拖曳，增加模糊範圍的面積。

F> 縮短模糊淡化範圍

1. 朝對焦點方向拖曳線條
   減少清晰與模糊間的距離
2. 按著 Alt 按鍵不放
   可以同時拖曳內側的兩條線

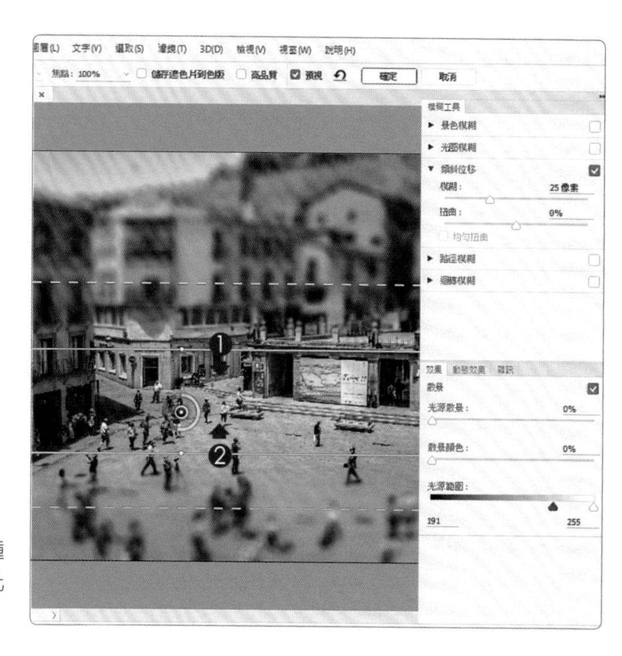

縮短模糊與清晰間的距離，主要是產生一種不同於一般鏡頭的景深效果，建立衝擊性比較強、幾乎是有點假、不真實的景深。

G> 旋轉移軸角度

1. 拖曳對焦點到人群中
   放在阿嘉小妹身上
   使用腳架拍攝的那一位
2. 拖曳原點旋轉控制線
3. 單響「確定」按鈕

移軸模糊一定要轉角度嗎？

不一定。得看狀況，就這張照片而言，楊比比覺得略為轉一下角度，會比較貼切。

H> 重複編輯濾鏡內容

1. 新增「模糊收藏館」濾鏡
   雙響「模糊收藏館」
   準備調整移軸模糊內容

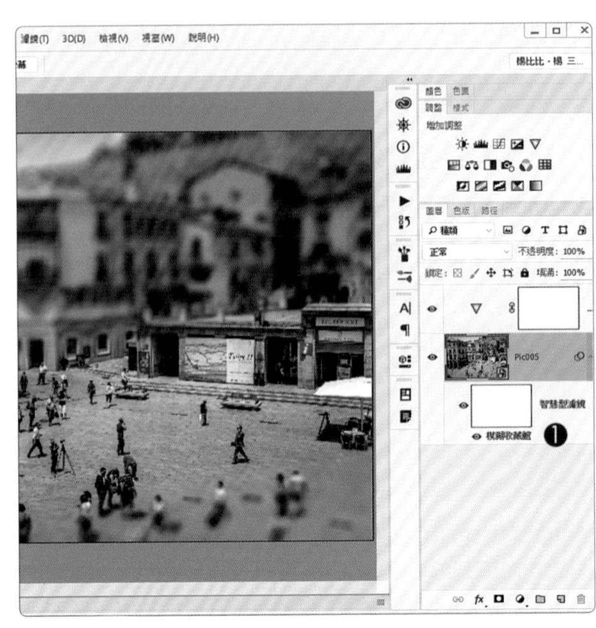

幾個範例下來，幾乎沒有回頭調整濾鏡的機會，楊比比怕同學們忘記，所以陪著大家複習重複編輯濾鏡內容的程序。

I > 修改對焦清晰度

1. 焦點「90%」
   焦點位置稍稍模糊了一些
2. 單響「確定」按鈕

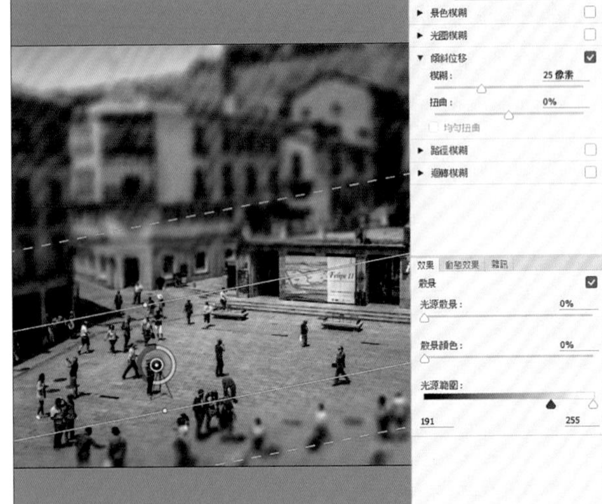

低對焦範圍的清晰程度

模糊收藏館中所有的濾鏡都可以改變對焦點清晰的程度，使焦點區域略為模糊，有趣吧！

J> 建立遮色範圍

1. 單響濾鏡遮色片
2. 單響「筆刷工具」
3. 指定前景色「黑色」
4. 單響選項列筆刷圖示
   控制筆刷尺寸與邊緣硬度
5. 拖曳筆刷塗抹阿嘉小妹

運用黑色筆刷塗抹主題，遮住濾鏡作用；如果塗抹的範圍太多，可以按下「X」交換顏色為「白色」擦拭多塗的區域。

K> 淡化遮色片濃度

1. 雙響濾鏡遮色片
2. 顯示「內容」面板
3. 降低「濃度」約為「72%」
4. 單響按鈕收合「內容」面板

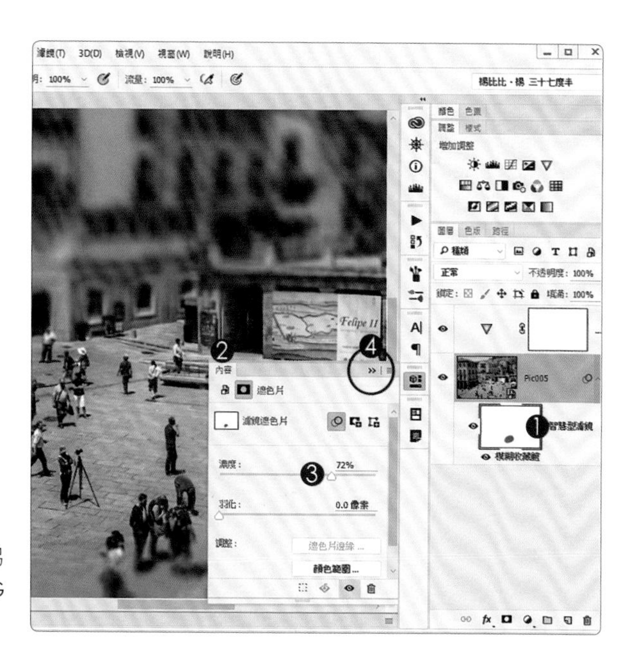

準備儲存檔案

先存一份能記錄圖層內容的 TIF 格式，再另存一份能放在 Facebook 的 PNG 或是 JPG 格式，就可以休息囉！

米哈斯 1/500sec f11 ISO200 攝影：莊祐嘉

模擬追焦動態攝影
路徑模糊（一）

適用版本 Adobe Photoshop CC2015
參考範例 Example\03\Pic006.DNG

動態攝影本來就比靜態拍攝難度高一些，除了相機設定之外，適合的鏡頭焦段也很重要；但就楊比比的攝影功力來說，相對於實際拍攝，濾鏡模擬就單純多了，只要配合以下兩個程序，就能模擬出追焦的動態效果。

路徑模糊（一）選取需要維持清晰的主題

路徑模糊（二）套用能模擬動態效果的路徑模糊濾鏡

A> 複製智慧型物件圖層

1. 使用「縮放顯示工具」
   拖曳畫面拉近影像
2. Pic006 名稱上單響右鍵
3. 透過拷貝新增智慧型物件
4. 新增 Pic006 拷貝圖層

可以使用快速鍵 Ctrl + J 嗎？

「透過拷貝新增智慧型物件」與「複製圖層 Ctrl + J」結果類似，但背後意義不同，建議同學觀看教學光碟中的影片，會比較清楚。

B> 選取聚焦範圍

1. 單響 Pic006 拷貝圖層
2. 單響「快速選取工具」
3. 使用「增加模式」
4. 單響工具筆刷圖示
   適度調整筆刷尺寸
5. 移動工具到騎士身上拖曳

選太多了？

沒關係，我們先以「增加」方式逐漸地擴大選取範圍，下一個步驟，再使用「減去」模式，移除多選的區域，來！接著往下選取。

C> 移除多選的範圍

1. 作業圖層：Pic006 拷貝
2. 快速選取工具
3. 單響「減去」模式
   按下鍵盤左右中括號 [ ]
   適度調整筆刷尺寸
4. 拖曳快速選取工具
   移除多選的區域

楊比比選得特別準？

選取的過程中，可以使用「縮放顯示工具」適度的拉近影像，並搭配「空白鍵」隨時切換到手形工具，能讓選取更精準。

D> 調整選取範圍

1. 快速選取工具選項列
   單響「調整邊緣」
2. 單響「檢視」選單
3. 選取「白底」
4. 編輯區影像以白底顯示

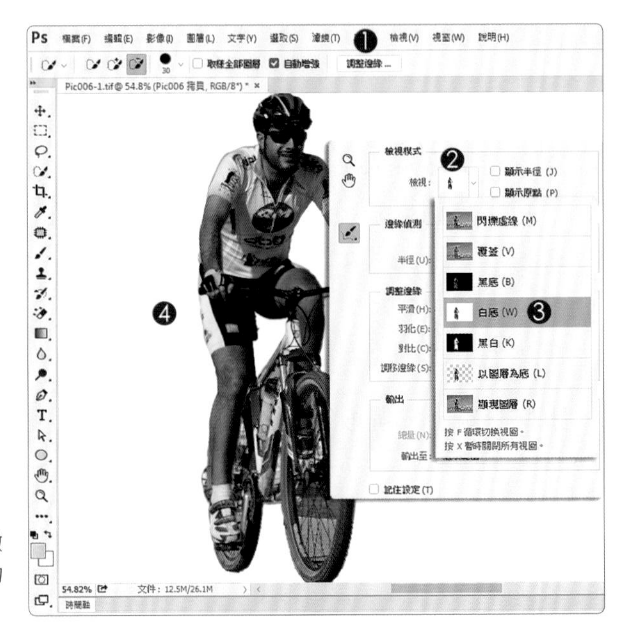

調整邊緣的作用是？

「調整邊緣」能依據顏色、明暗，搭配參數控制，調整出更為精細的選取範圍；可惜的是調整邊緣無法運用在「濾鏡遮色片」中。

E> 選取邊緣偵測

1. 勾選「智慧型半徑」
2. 向右拖曳「半徑」滑桿
   同時觀察影像邊緣的狀態
   數值大約為「5.0」像素
3. 調移邊緣「-30」
   選取邊緣向內縮減
4. 單響「確定」結束邊緣調整

調移邊緣

用於控制選取範圍的擴張或是收縮。「正值」表示，向外擴張選取範圍；「負值」則是向內縮小選取範圍。

F> 儲存選取範圍

1. 黑白虛線框選住騎士
2. 功能表「選取」
3. 執行「儲存選取範圍」
4. 輸入目的地名稱「騎士」
5. 單響「確定」按鈕
6. 色板面板中
7. 新增「騎士」選取範圍

色版中黑白顏色代表的意義？

與遮色片相同；白色為顯示範圍（就是選取區域），黑色則是遮色區（非選取區域）。

對 Photoshop 而言，無所謂主題、背景，一張照片就是成堆畫素的集合（聽起來好冷酷喔）我們只能藉由精確的選取範圍，讓濾鏡了解，哪些區域需要處理，哪些部份需要避開；來吧！第二個部分加入路徑模糊，開工囉！

模擬追焦動態攝影 路徑模糊（二）

適用版本　Adobe Photoshop CC2015
參考範例　Example\03\Pic006-1.TIF

A> DNG 開啟為智慧型物件

1. 請由 Adobe Bridge 中開啟 Pic006-1.TIF
2. 開啟「色版」面板
3. 按著 Ctrl + 單響騎士色版
4. 載入白色「騎士」範圍
5. 單響上方拷貝圖層
6. 單響圖層遮色片按鈕
7. 新增圖層遮色片

圖層遮色片與濾鏡遮色片的差異？

濾鏡遮色片用來遮住下方的濾鏡內容。圖層遮色片則是用來遮住目前圖層中的畫素。

B> 來看看圖層

1. 單響「眼睛」圖示
   關閉下方 Pic006 圖層
2. 上方圖層僅顯示
   白色範圍中的騎士
   黑色遮色區域完全不顯示

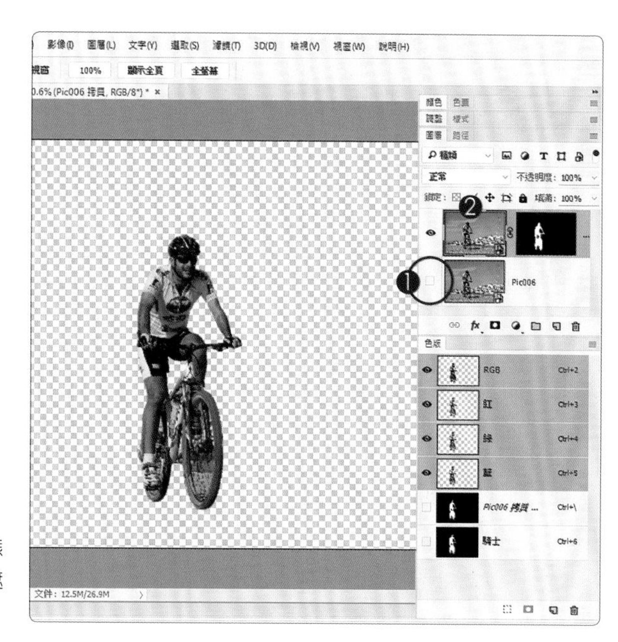

濾鏡該套用在哪裡？

當然是騎士以外的區域，才能表現追焦的動態感；所以我們必須反轉圖層遮色片，以黑色遮住騎士，濾鏡套用後，才不會影響到他。

C> 反轉黑白遮色

1. 雙響圖層遮色片
2. 顯示「內容」面板
3. 單響「負片效果」按鈕
   圖層遮色片中黑白對調
4. 這才是濾鏡作用的範圍

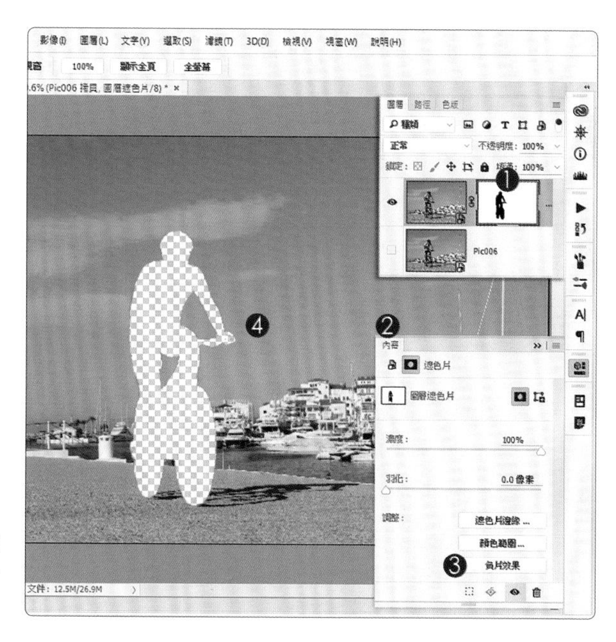

負片效果好像有快速鍵？

是的，就是 Ctrl + I。Photoshop 快速鍵實在太多，能從面板中選取，就盡量選，空一點腦子來記其他的比較重要的快速鍵。

D> 啟動路徑模糊

1. 單響「眼睛」圖示
   開啟 Pic006 圖層
2. 單響上方拷貝圖層縮圖
3. 功能表「濾鏡」
4. 選取「模糊收藏館」
5. 執行「路徑模糊」濾鏡

為什麼要特別單響拷貝圖層的縮圖？

濾鏡能作用在圖層中的照片，也能作用在圖層遮色片中；單響前方的縮圖，就是指定濾鏡作用在圖層照片，而非圖層遮色片。

E> 建立路徑模糊方向

1. 預設模式「基本模糊」
2. 整體速度「110%」
3. 分別拖曳路徑端點
4. 到下方堤坊邊緣

路徑線能沿著特定角度建立模糊

路徑模糊中可以建立多條路徑線，每條路徑線都有首尾兩個端點，可以依據需要的模糊方向，拉出特定的角度，建立真實的動態感。

F> 更接近真實性的動態感

1. 依據 Adobe 的指示
   取消「居中模糊」勾選
   能使模糊的方向更接近
   路徑的角度
2. 提高「錐度」能使模糊
   更具穩定性
   數值約為「20%」

「居中模糊」與「錐度」對於模糊的影響並不明顯，但 Adobe 都開口說話了，楊比比當然忠實傳達，同學們就試試吧！

G> 終點速度

1. 單響路徑線靠近騎士的端點
2. 調整終點速度為「20」
3. 減緩騎士身上的晃動感

還沒有下課

請同學不要關閉視窗，直接翻頁，運用目前的範例，進行後面兩頁的功能練習。加油！

路徑模糊
多點控制速度

路徑模糊算是模糊收藏館裡控制點最多的一款濾鏡，但不複雜，同學只要多花幾分鐘了解路徑線的結構，就能完全掌握路徑模糊。這一條路徑線，控制了模糊方向、弧度、首尾兩端還能分別調整速度，一起接著往下練習。

控制路徑線端點速度

路徑線首尾兩端點，需要分別調整：

1. 單響路徑線端點
   首尾兩點都可以調整
2. 拖曳「終點速度」滑桿

增加路徑上的曲線點

曲線點能使路徑模糊產生弧形的動態感：

1. 指標顯示帶著加號的黑色箭頭
   單響路徑線便能增加曲線點
2. 曲線點無法控制速度

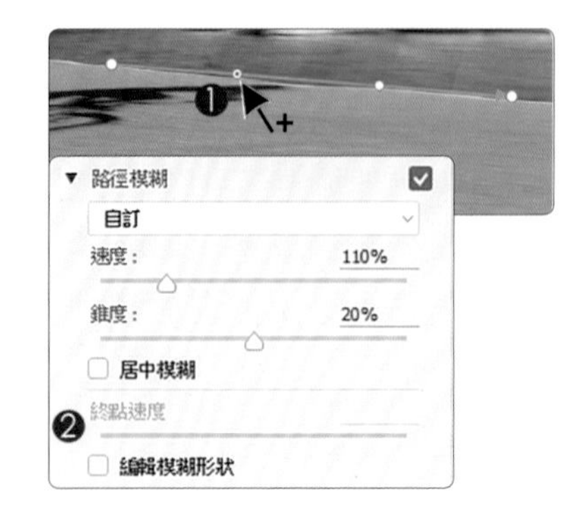

拉出弧形的路徑線

1. 拖曳曲線點
   路徑線變為弧線
2. 路徑的弧度影響模糊的走向

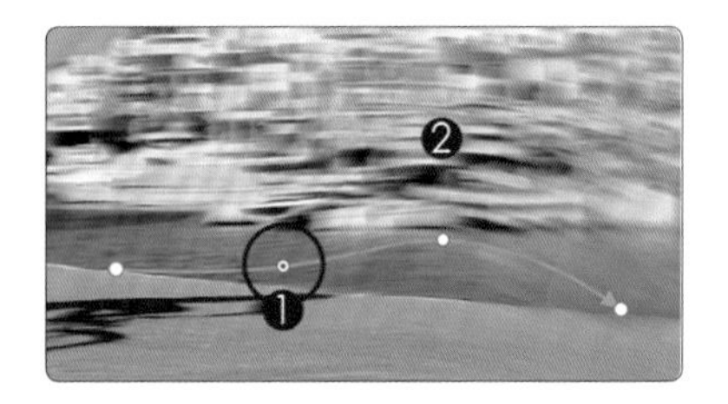

路徑模糊
模糊形狀控制

路徑模糊不僅有路徑線，可以控制方向與弧度，還可以透過路徑線首尾兩個控制點上的「模糊形狀參考線」改變模糊的形狀；夠厲害、也夠複雜。還是請同學使用範例 Pic006-1.TIF 繼續以下的幾個練習。

編輯模糊形狀

1. 勾選「編輯模糊形狀」
   路徑線兩側端點顯示紅色模糊形狀線
2. 拖曳形狀參考線前端
   相當於調整路徑線端點速度

模糊收藏館
動態效果

模糊收藏館視窗下方的「動態效果」面板，僅提供「路徑」與「迴轉」兩款模糊濾鏡使用。設定程序如下：

1. 先調整「閃光燈」
   模擬閃燈曝光次數
   目前數值為「3」
2. 編輯區中產生三層重影
3. 調整「閃光強度」
   數值越高重影越清晰

隆達鬥牛場　1/400sec f11 ISO200　攝影：莊祐嘉

更輕鬆的動態追焦效果

適用版本　Adobe Photoshop CC2015
參考範例　Example\03\Pic007.DNG

A > DNG 開啟為智慧型物件

1. 請由 Adobe Bridge 中開啟 Pic007.DNG 透過 Camera Raw 配合 Shift 按鍵以「開啟物件」方式進入 Photoshop
2. 顯示智慧型物件圖層
3. 功能表「濾鏡」
4. 選取「模糊收藏館」
5. 執行「路徑模糊」濾鏡

B> 背景不要晃得太厲害

1. 先不管預設的路徑線
2. 取消「居中模糊」
3. 錐度「10%」

不需要先建立選取範圍嗎？

這次我們玩的是偷吃步，跳開選取範圍，直接使用路徑模糊中的「終點速度」來控制影像清晰與模糊的範圍，有點瑣碎，同學要跟上喔！

C> 指定對焦區域

1. 拖曳預設路徑線到馬夫與馬頭上
2. 單響路徑線的「馬夫端」終點速度為「5 像素」
3. 單響路徑線的「馬頭端」
4. 終點速度為「0 像素」

對焦點在馬頭

所以馬夫略為模糊，終點速度為「5 像素」；馬頭最清晰，終點速度為「0 像素」完全不晃動，同學應該看出楊比比的企圖了吧！

D> 新增路徑線

1. **單響**地面建立路徑線起點
2. **雙響**地面指定路徑線終點

注意路徑線單響、雙響的差異

路徑線建立完成後，請「雙響」（左鍵快速按兩次）編輯區，才能結束路徑線；若是單響（左鍵按一次）則會產生曲線點。

E> 分別指定兩點的速度

1. 單響遠離鏡頭的「端點」
   終點速度為「100 像素」
2. 單響靠近鏡頭的「端點」
3. 終點速度為「150 像素」

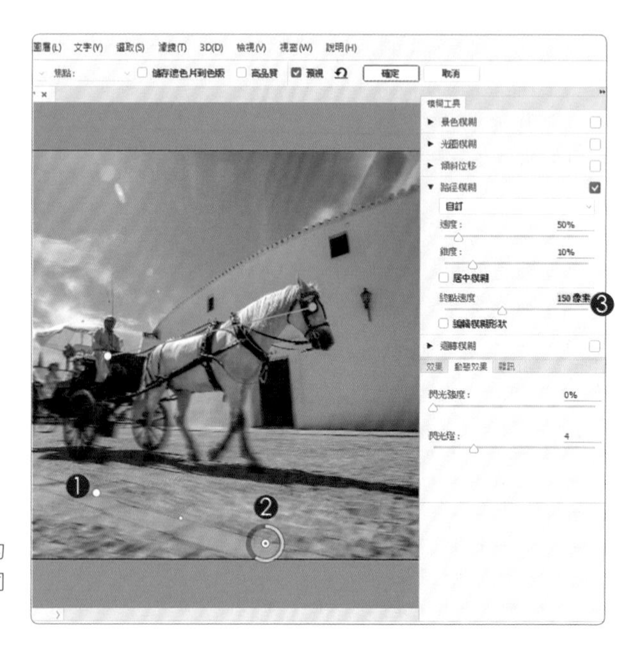

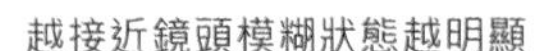

越接近鏡頭模糊狀態越明顯

路徑線兩端雖然有可以調整「終點速度」的圓環，但路徑線的圓環比較難操控，建議同學還是單響端點，再由面板中調整數據。

F> 再來一條路徑線

1. **單響**建立路徑起點
2. **雙響**結束路徑建立
3. 分別指定兩端的速度
4. 單響「確定」結束濾鏡

馬頭有點晃動了對吧！不擔心，還有一個武器沒有上場，想一想，沒錯，就是「濾鏡遮色片」，使用它就能讓馬頭清楚對焦。

G> 善用濾鏡遮色片

1. 單響「濾鏡遮色片」
2. 單響「筆刷工具」
3. 單響選項列筆刷圖示
   適度調整筆刷尺寸與硬度
4. 前景色「黑色」
5. 拖曳筆刷塗抹馬頭

剛好馬頭的背景是白牆，所以我們這招才能玩得這麼順利。這表示喔！玩濾鏡之前，得挑對照片；挺不錯的！讚！

隆達鬥牛場 1/640sec f4.0 ISO100 攝影：洪 懿德

動態車輪
迴轉模糊濾鏡

適用版本 Adobe Photoshop CC2015
參考範例 Example\03\Pic008.DNG

A > DNG 開啟為智慧型物件

1. 請由 Adobe Bridge 中
   開啟 Pic008.DNG
   透過 Camera Raw
   配合 Shift 按鍵
   以「開啟物件」方式
   進入 Photoshop
2. 顯示智慧型物件圖層
3. 功能表「濾鏡」
4. 選取「模糊收藏館」
5. 執行「迴轉模糊」濾鏡

B> 圓形的模糊範圍

1. 拖曳對焦點到輪軸上
2. 預設模糊角度「15°」
3. 單響「動態效果」面板
   顯示預設的三組參數

迴轉模糊運算的時間比較長

只要進行迴轉範圍，或是數值調整，迴轉模糊都需要逐一調整畫素變形與位移，所以需要的運算時間比較長一些。

C> 調整濾鏡範圍

1. 取消「預視」勾選
   暫時停止濾鏡的運算
2. 指標移動到控制環上
   顯示旋轉指標圖示
   拖曳環上的圓形把手
   能改變圓環的寬度

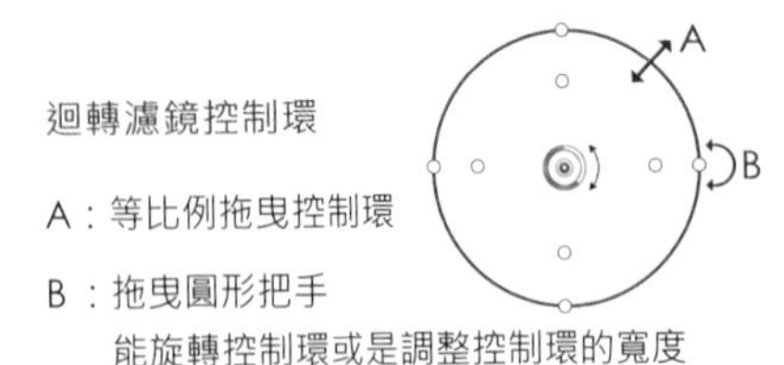

迴轉濾鏡控制環

A：等比例拖曳控制環

B：拖曳圓形把手
能旋轉控制環或是調整控制環的寬度

D> 模糊淡化範圍

1. 功能表「檢視」
2. 執行「100%」
3. 向中間拖曳淡化點
4. 開啟「預視」

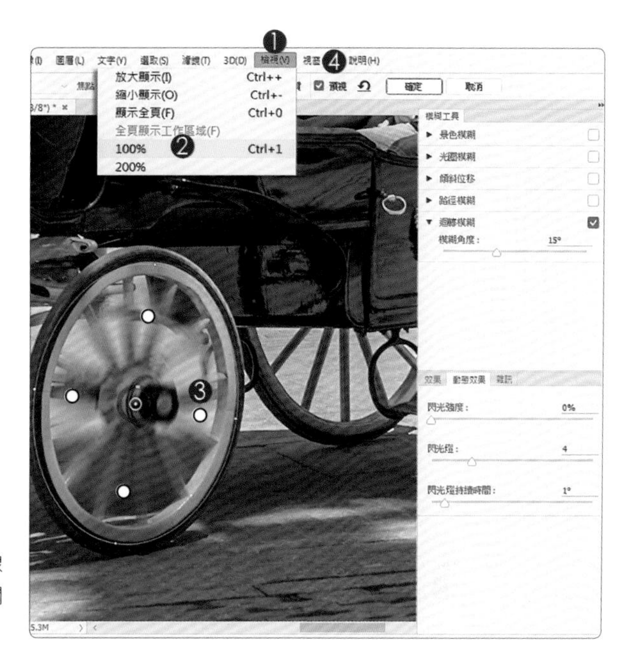

調整好控制線的範圍後再開啟「預視」

因為迴轉模糊運算時間長，建議調整控制線範圍時先關閉「預視」，調整完成後，再開啟「預視」模式，能節省不少計算的時間。

E> 動態效果

1. 單響「動態效果」面板
2. 閃光強度「80%」
3. 閃光燈「3」
4. 閃光燈持續時間「1°」
5. 單響「確定」結束濾鏡

閃光燈持續時間

用於表現迴轉模糊的角度值，範圍在「0 - 20」度之間，數值越大，模糊感越強烈。

F> 善用濾鏡遮色片

1. 單響「濾鏡遮色片」
2. 單響「筆刷工具」
3. 單響選項列筆刷圖示
   適度調整筆刷尺寸與硬度
4. 不透明「50%」
5. 前景色「黑色」
6. 拖曳筆刷塗抹「輪軸」

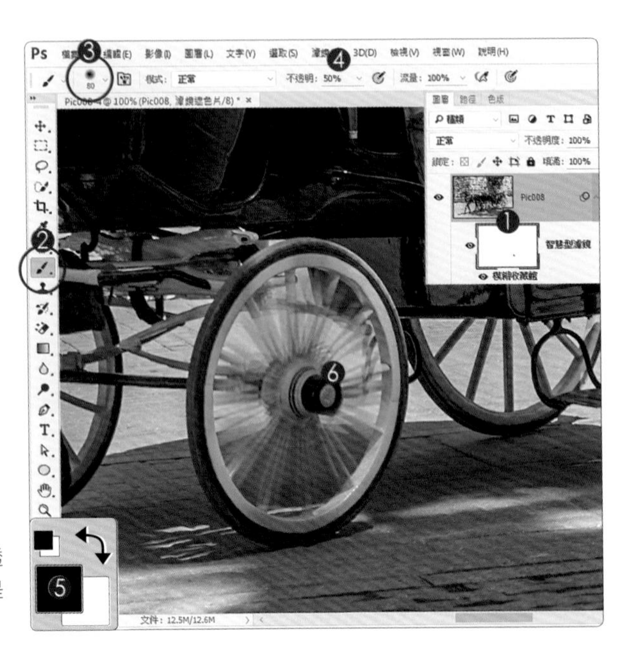

降低筆刷透明度

雖然前景色是「黑色」，但降低筆刷「不透明」為 50% 之後，筆刷顏色呈現灰色，也是另一種降低遮色片濃度的手法。

G> 後輪也加上迴轉模糊

1. 雙響「模糊收藏館」
2. 後輪加上迴轉模糊效果
   調整控制環的大小與位置
3. 模糊角度「10°」
4. 動態效果面板中
5. 閃光強度「90%」
6. 閃光燈「2」
7. 閃光燈持續時間「1°」
8. 單響「確定」結束路徑

記得使用黑色筆刷（不透明 50%）把後輪的輪軸刷得略為清晰些，就可以下課囉！

阿爾拜辛區 聖尼可拉斯廣場　1/200sec f5.6 ISO800　攝影：洪 懿德

展現影像張力
迴轉模糊濾鏡

適用版本　Adobe Photoshop CC2015
參考範例　Example\03\Pic009.DNG

A > DNG 開啟為智慧型物件

1. 請由 Adobe Bridge 中
   開啟 Pic009.DNG
   透過 Camera Raw
   配合 Shift 按鍵
   以「開啟物件」方式
   進入 Photoshop
2. 顯示智慧型物件圖層
3. 功能表「濾鏡」
4. 選取「模糊收藏館」
5. 執行「迴轉模糊」濾鏡

B> 縮小編輯區的顯示

1. 功能表「檢視」
2. 執行「縮小顯示」
3. 關閉「預視」勾選

關閉「預視」大幅節省運算時間

楊比比的電腦效能不差，跑起「迴轉模糊」還是需要點時間，建議同學調整迴轉模糊範圍前，記得先關閉「預視」勾選。

C> 調整迴轉範圍與中心點

1. 拖曳控制環
   擴大迴轉模糊的面積
2. 按著 Alt 按鍵不放
   拖曳迴轉中心到舞者的臉部
3. 拖曳淡化點到控制環上

迴轉模糊中常用的快速鍵

Alt + 拖曳迴轉中心：移動中心點的位置
Ctrl + Alt + 拖曳迴轉中心：複製模糊區域

D> 調整迴轉模糊參數

1. 模糊角度「15°」
2. 動態效果面板中
3. 閃光強度「80%」
4. 閃光燈「3」
5. 閃光燈持續時間「2°」
6. 勾選「預視」
7. 單響「確定」結束濾鏡

楊比比習慣最後啟動「預視」

否則，改變一個參數，迴轉模糊就得為了「預視」運算一次，太花時間了，乾脆先猜一組數據，不合適再調整就好，比較快一些。

E> 檢視主題

1. 雙響「縮放顯示工具」
   檢視比例「100%」
2. 按著「空白鍵」不放
   切換到「手形工具」
   拖曳照片到舞者的臉部
3. 單響「眼睛」圖示
   關閉智慧型濾鏡圖層

迴轉模糊仍然要突顯主題

接下來是一個組合練習，先使用快速選取工具，選取舞者的臉部，再運用黑色筆刷，遮住部分迴轉模糊效果，使舞者上半身清晰。

F> 選取舞者臉部

1. 單響 Pic009 圖層縮圖
2. 單響「快速選取工具」
3. 使用「增加」模式
4. 單響筆刷圖示控制筆刷尺寸
5. 拖曳舞者臉部進行選取

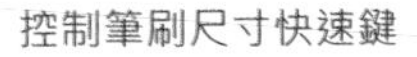

控制筆刷尺寸快速鍵

快速選取工具的筆刷尺寸，也可以使用 [ ] 左右中括號來控制筆刷大小，使用快速鍵前，請記得先關閉中文輸入法，謝謝合作！

G> 調整選取範圍的邊緣

1. 單響快速選取工具選項列上的「調整邊緣」按鈕
2. 單響「檢視」
3. 選用「白底」
4. 勾選「智慧型半徑」
5. 半徑「8」像素

頭髮看起來怪怪的？

沒錯，因為舞者的髮絲都不見了，我們的作品中，怎麼能出現這麼不專業的手法（用力搖頭）來！調整邊緣再補一個步驟。

H> 刷出髮絲

1. 單響「調整半徑」工具
2. 單響「擴大」模式
3. 偵測範圍「35」
4. 拖曳工具塗抹臉部外側
   將所有的髮絲都塗出來
5. 單響「確定」結束調整

調整半徑工具超厲害的

調整半徑工具適合運用在「毛髮」、「絨毛玩具」，有細毛邊緣，且背景單純的影像最最合適，同學可以找機會多多練習。

I > 建立黑色遮色

1. 單響「濾鏡遮色片」
2. 單響「筆刷工具」
3. 適度調整筆刷尺寸與硬度
4. 前景色「黑色」
5. 放心拖曳筆刷塗抹選取區
6. 功能表「選取」
7. 單響「取消選取」

不會刷到範圍之外嗎？

我們已經建立好範圍，筆刷絕對不會刷到選取範圍之外，同學放心！放心！

J> 再增加一些清晰範圍

1. 單響「濾鏡遮色片」
2. 繼續使用「筆刷工具」
3. 不透明「50%」降低一些
4. 前景色「黑色」
5. 拖曳筆刷塗抹舞者的上半身

使用半透明筆刷提高遮蓋率

雖說不透明度是「50%」，但只要反覆塗抹相同區域（請放開左鍵再塗）顏色濃度就會增加，提高遮色片的遮蓋程度，同學試試。

K> 收工囉

1. 雙響「手形工具」
2. 編輯區影像「顯示全頁」
   舞者的臉部非常清晰

別忘了儲存檔案

就算趕著下課，也請先存一份能記錄圖層內容的 TIF 格式；JPG 或是 PNG 就不急，反正有 TIF，隨時都可以重新編輯或存檔。

04 Photoshop 藝術風格濾鏡

2016/06/12, 07:01pm SONY ILCE-7RM2 薩拉曼卡新主教座堂
1/60 秒 f/9.0 ISO 100 海拔 781.39m Photo by 洪 懿德

數位藝術風
多重濾鏡收藏館
濾鏡對前景/背景色
的特殊需求

米哈斯 太陽海岸 1/1000sec f5.6 ISO 80 攝影：楊比比

加入畫布紋理的海報風格

適用版本 Adobe Photoshop CC2015
參考範例 Example\04\Pic001.DNG

A > 開啟 DNG 格式

1. 啟動 Adobe Bridge
2. 開啟檔案資料夾 Example\04
3. 單響 Pic001.DNG
4. 在 Camera Raw 中開啟

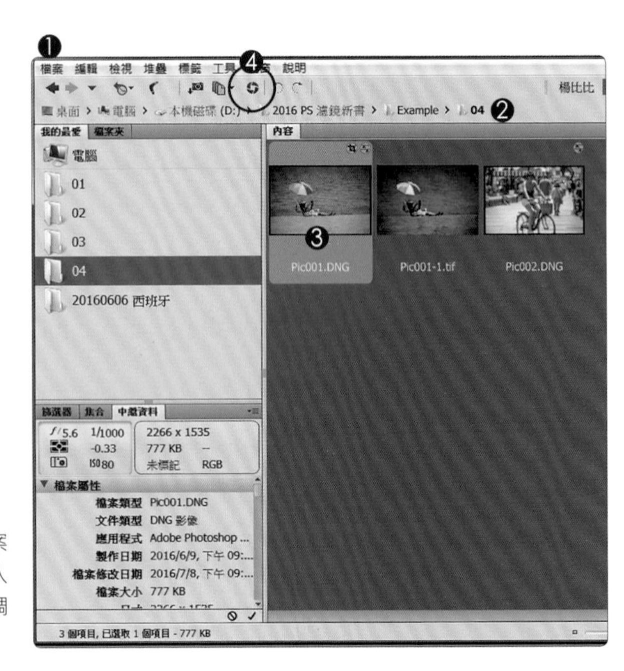

章節的第一個範例

肯定要聽楊比比再唸一次，Bridge 開啟檔案→啟動 Camera Raw→以智慧型物件進入 Photoshop→調整影像尺寸→套用濾鏡→調整濾鏡遮色片或混合模式。

B> 開啟 Camera Raw

1. 啟動 Camera Raw 程式
2. 按著 Shift 不放
   單響「開啟物件」按鈕

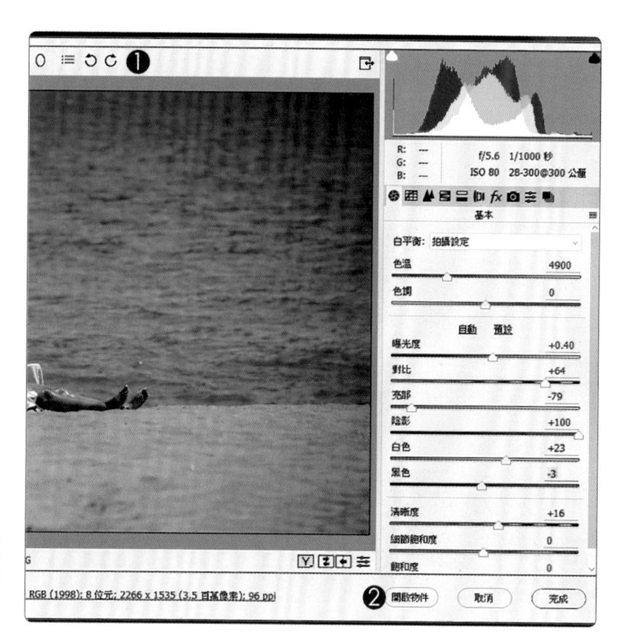

Camera Raw 控制曝光與色調

Camera Raw 是 Adobe 系統中控制照片曝光與色調最好的工具，如果同學對於右側圖片「基本」面板的控制參數仍有疑惑，那就得花點時間把 Camera Raw 摸熟。

C> 調整影像尺寸

1. 智慧型物件圖層
2. 功能表「影像」
3. 執行「影像尺寸」
4. 解析度「96」像素 / 英吋
5. 單位「像素」
6. 寬度「1520」
7. 單響「確定」按鈕

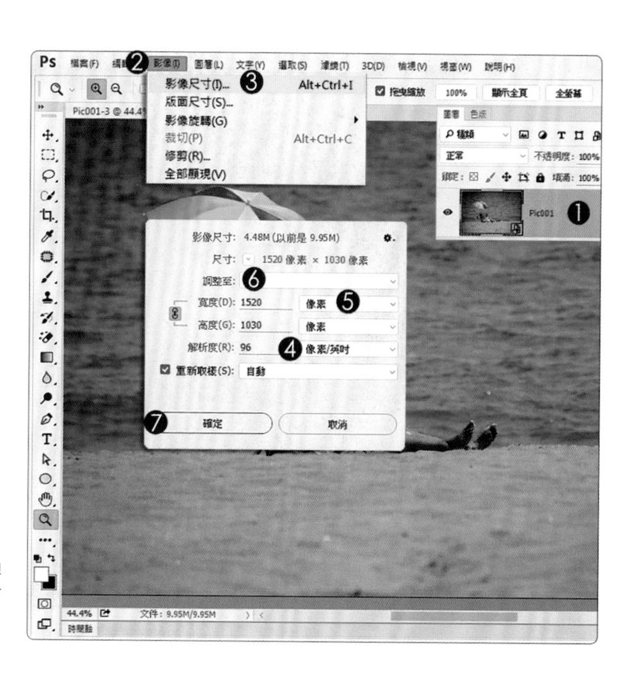

功能表似乎特別短？

書本空間有限，既要放大圖片、又不能錯過任何的工具選項，楊比比得修剪功能表與面板，還請同學多多見諒（感謝）。

D> 啟動濾鏡收藏館

1. 功能表「濾鏡」
2. 執行「濾鏡收藏館」

Photoshop 所有的濾鏡都在收藏館內？

別天真了，Adobe 不會這麼貼心。濾鏡收藏館內的濾鏡，只有 70%，其餘的濾鏡都放置在功能表「濾鏡」的各選單內。

E> 設定視窗內顯示比例

1. 單響箭頭按鈕
2. 指定「符合視圖」
3. 試著單響「三角形」按鈕
   分別展開每一組濾鏡選單
   觀察選單內的濾鏡

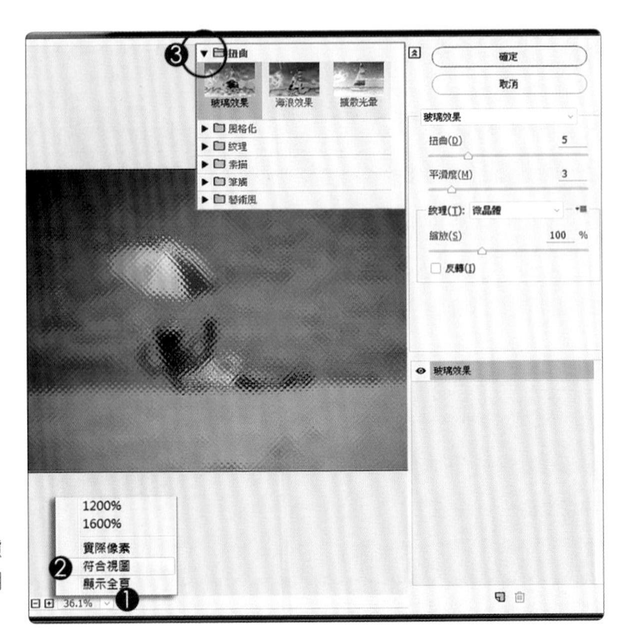

每個濾鏡都有縮圖，好棒喔

縮圖是展現濾鏡效果最直覺的方式；展開濾鏡選單後，單響濾鏡縮圖，便能將濾鏡套用在目前的照片中，快速又方便。

F> 藝術風濾鏡

1. 展開「藝術風」選單
2. 單響「海報邊緣」
3. 三組參數都設定為「0」
4. 收藏館內顯示第一組濾鏡

海報邊緣濾鏡

能運用「色調分離」大幅簡化影像細節，並加入類似於繪圖效果的線條邊緣，同學可以使用參數控制「邊緣粗細」與「邊緣強度」。

G> 複製濾鏡

1. 仍位於「海報邊緣」濾鏡
2. 單響「新增效果圖層」按鈕
3. 增加一組相同的濾鏡

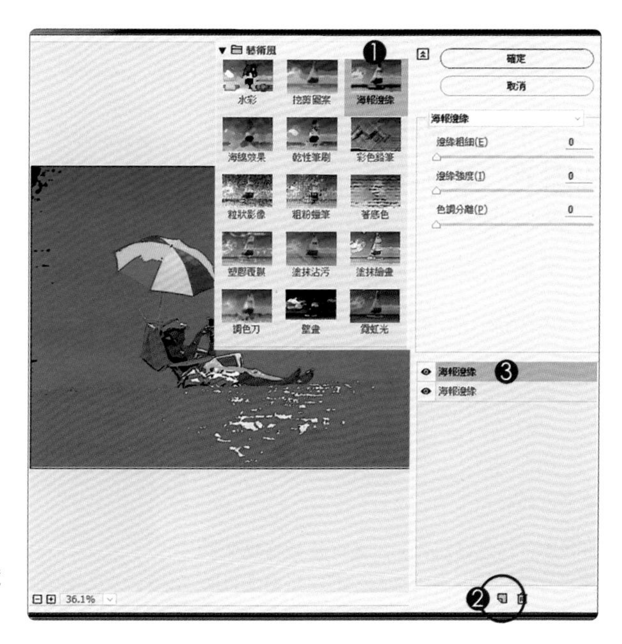

能新增多少效果圖層呢？

Adobe 手冊上並沒有提到效果圖層的使用數量，但我們也不可能同時混搭幾百個濾鏡效果圖層，五、六個已經是極限囉！

H> 變更濾鏡內容

1. 選取上方的效果濾鏡圖層
2. 展開「紋理」選單
3. 單響「紋理化」濾鏡縮圖
4. 紋理「砂岩」
5. 縮放「100」%
6. 浮雕「4」
7. 單響「確定」按鈕

刪除效果濾鏡圖層

濾鏡收藏館視窗中，單響選取不用的濾鏡圖層，再按下「垃圾桶」圖示（紅圈）。

I > 濾鏡混合選項

1. 新增智慧型濾鏡圖層
2. 雙響「混合選項」圖示
3. 混合模式「線性光源」
4. 單響「確定」

沙灘上的顏色不均勻？

很可能是這個區域太亮，還好智慧型物件仍與 Camer Raw 保持連結，方便我們隨時回去修改照片的曝光與色調，來！試試吧！

J> 重新啟動 Camera Raw

1. 雙響智慧型圖層縮圖
2. 重新啟動 Camera Raw
3. 單響「調整筆刷」工具
4. 單響面板「選項」按鈕
5. 執行「重設局部校正設定」
   調整筆刷面板參數歸零
6. 陰影「-58」
7. 曝光度「-0.2」
8. 拖曳筆刷塗抹沙灘
   降低中央區域的曝光度
9. 單響「確定」結束編輯

K> 效果不錯

1. 改善沙灘中央太亮的狀況
   請同學自行存檔
   記得先存一份 TIF

沙灘中間有個白點(紅圈)?

是呀!看起來有點怪,同學可以再次雙響智慧型物件縮圖,回到 Camera Raw 中,使用「汙點移除」工具進行改善,效果不錯。

米哈斯 太陽海岸 1/800sec f5.6 ISO 80 攝影：楊 比比

螢光邊緣
濾鏡遮色密技

適用版本 Adobe Photoshop CC2015
參考範例 Example\04\Pic002.DNG

A > DNG 開啟為智慧型物件

1. 請由 Adobe Bridge 中
   開啟 Pic002.DNG
   透過 Camera Raw
   配合 Shift 按鍵
   以「開啟物件」方式
   進入 Photoshop
2. 顯示智慧型物件圖層
3. 功能表「濾鏡」
4. 執行「濾鏡收藏館」

B> 開啟濾鏡收藏館

1. 維持之前的濾鏡效果圖層
2. 單響「紋理化」
3. 單響「垃圾桶」按鈕
   刪除紋理化效果圖層
4. 僅剩一組效果圖層

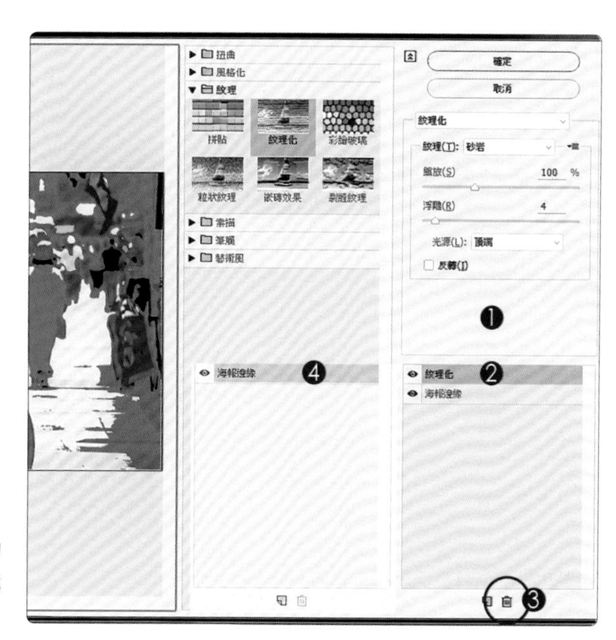

同學請花點時間，展開濾鏡收藏館中所有的濾鏡選單，觀察並測試當中的濾鏡，相信能獲得很多有趣的想法與靈感。

C> 邊緣亮光化濾鏡

1. 展開「風格化」選單
2. 單響「邊緣亮光化」
3. 邊緣寬度「5」
4. 邊緣亮度「8」
5. 平滑度「12」
6. 單響「確定」結束濾鏡

照片的畫素影響濾鏡的參數

濾鏡的參數並不是固定值，必須依據照片的畫素來進行調整；照片畫素越高，濾鏡參數也得跟著拉高，運算的時間也會增加。

D> 完成濾鏡套用

1. Pic002 圖層下方新增智慧型濾鏡圖層

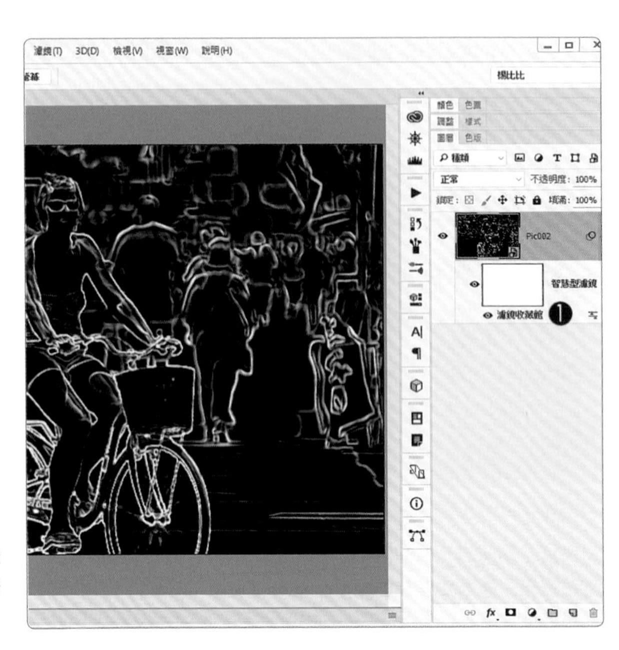

拉出視覺焦點

照片中騎車的女士，就是照片的中心，也是視覺焦點；請同學使用黑色筆刷，刷出女騎士原本的樣貌，沒問題吧！

E> 建立黑色遮色區域

1. 單響濾鏡圖層遮色片
2. 單響「筆刷工具」
3. 適度調整筆刷尺寸與硬度
4. 前景色「黑色」
5. 拖曳筆刷塗抹女騎士

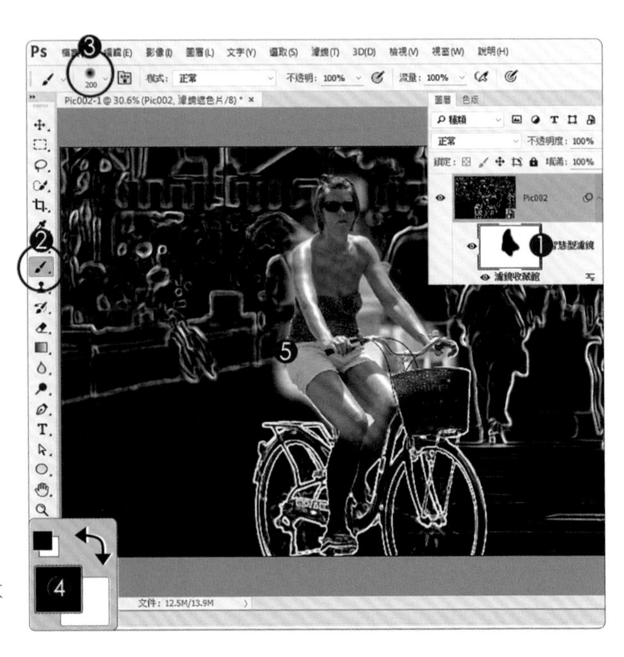

需要先選取嗎？

不需要。使用筆刷塗抹女騎士的上半身（大概到膝蓋），不用太精準，大概就可以囉！

F> 遮色片套用濾鏡

1. 單響濾鏡遮色片
2. 功能表「濾鏡」
3. 選取「像素」選單
4. 執行「彩色網屏」

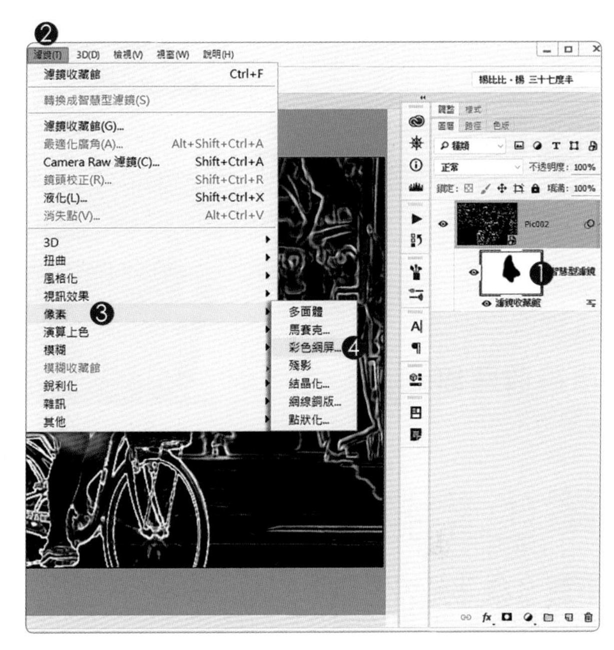

濾鏡也能作用在「遮色片」?

可以喔!多數濾鏡都能作用在「濾鏡遮色片」或是「圖層遮色片」內。現在讓我們一起來看看,濾鏡套用在遮色片中的效果。

G> 指定彩色網屏參數

1. 圓形尺寸「20」像素
2. 網角度數都為「45」度
3. 單響「確定」按鈕
4. 遮色片邊緣顯示網屏效果

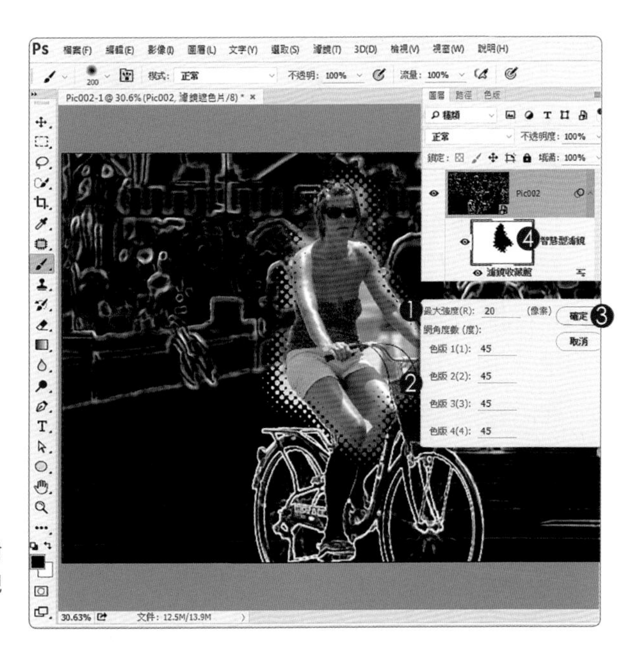

試著修改濾鏡混合模式

雙響濾鏡選項按鈕(紅圈),由混合選項對話框中,指定混合模式為「實光」,能展現更清晰的光亮邊緣,同學試試。

濾鏡收藏館

米哈斯 太陽海岸 1/1000sec f7.1 ISO 200 攝影：楊比比

單色素描
傳統藝術風

適用版本 Adobe Photoshop CC2015
參考範例 Example\04\Pic003.DNG

A > DNG 開啟為智慧型物件

1. 請由 Adobe Bridge 中
   開啟 Pic003.DNG
   透過 Camera Raw
   配合 Shift 按鍵
   以「開啟物件」方式
   進入 Photoshop
2. 顯示智慧型物件圖層

前景 / 背景色影響濾鏡色彩

接下來我們將看幾組跟顏色有關的濾鏡，讓同學了解，部分濾鏡與前景 / 背景色的關係。

B> 變更前景色

1. 單響前景色
2. 顯示「檢色器」對話框
3. 指標單響編輯區中的遊艇選取畫面中的顏色
4. 顯示新擷取的顏色
5. 單響「確定」按鈕

楊比比所使用的顏色，色碼為「455367」(紅框處)，同學可以參考使用。

C> 執行濾鏡收藏館

1. 變更前景色
2. 背景色為「白色」
3. 單響 Pic003 智慧型圖層
4. 功能表「濾鏡」
5. 執行「濾鏡收藏館」

前景色 / 背景色都會影響素描濾鏡

有興趣的同學可以試著單響「背景」色，更換顏色，就能在接下來的素描濾鏡中，看到兩組不同的顏色搭配。

D> 畫筆效果濾鏡

1. 展開「素描」選單
2. 單響「畫筆效果」濾鏡
3. 顯示「畫筆效果」圖層
4. 筆觸長度「15」
5. 亮度 / 暗度平衡「18」
6. 筆觸方向「水平」
7. 單響「確定」按鈕

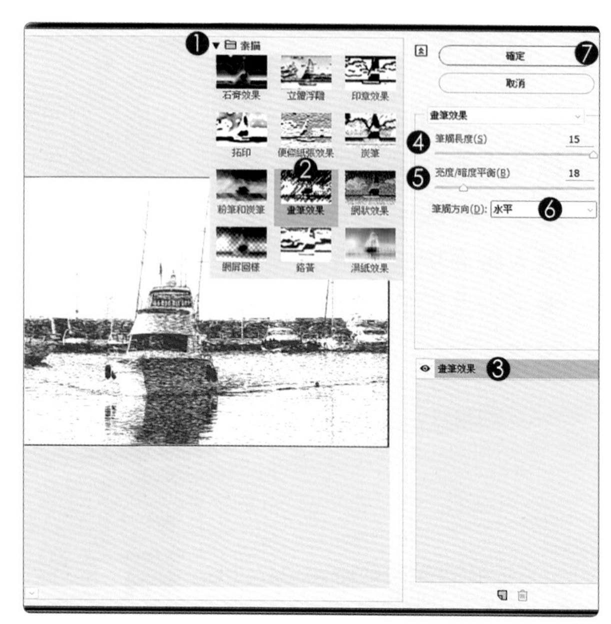

使用前景色顯示素描筆觸

素描選單內的多數濾鏡，都會使用「前景」與「背景」顏色作為展現濾鏡的顏色；所以使用素描類型的濾鏡前，請先指定顏色。

E> 新增蠟筆紋理

1. 單響「新增效果圖層」
2. 素描選單內
3. 單響「蠟筆紋理」
4. 前景 / 背景色階「15」
5. 紋理「砂岩」
6. 浮雕「2」
7. 單響「確定」按鈕

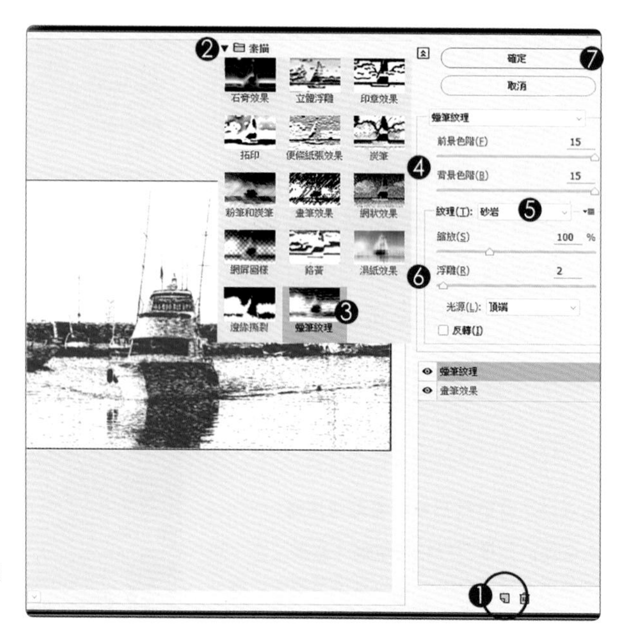

蠟筆紋理濾鏡

能展現紋理效果，又能保留畫筆效果的筆觸，是表現素描風格，最恰當的濾鏡組合。

F> 完成素描效果

1. 新增濾鏡收藏館圖層
2. 編輯區展現素描風格

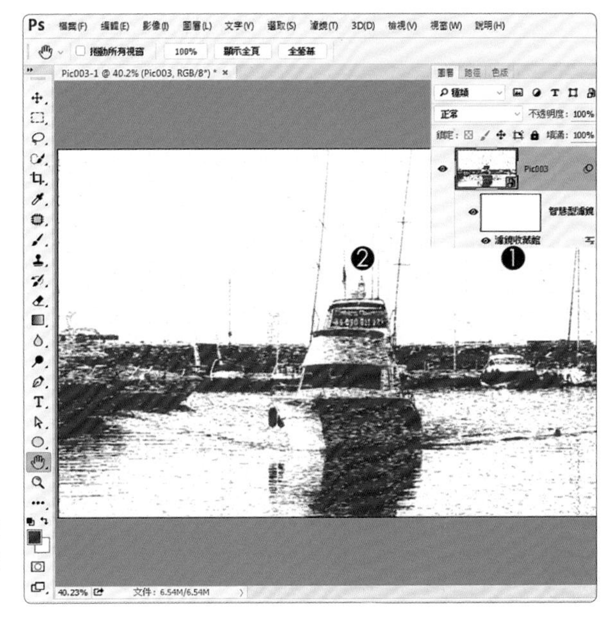

可以更換前景色嗎？

前景色可以換，但不影響「濾鏡收藏館」內畫筆效果的顏色。如果同學想換個筆觸顏色，或是改為黑白色調，請參考以下的作法。

G> 變更筆觸顏色

1. 開啟「調整」面板
2. 單響「色相 / 飽和度」按鈕
3. 新增色相 / 飽和度調整圖層
4. 自動彈出「內容」面板
5. 拖曳「色相」滑桿改變顏色
6. 記得單響按鈕收起面板

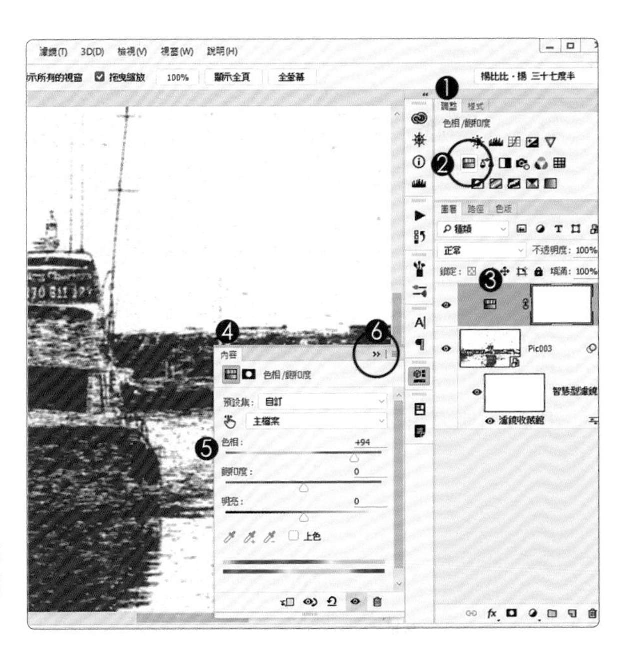

可以變成黑白嗎？

可以！再次雙響「色相 / 飽和度」圖層縮圖「內容」面板中，降低「飽和度」數值到「-100」，便能得到灰階效果。

米哈斯 白色山城 1/200sec f9 ISO 200 攝影：莊 祐嘉

重現陽光閃耀下霧化的顆粒感

適用版本 Adobe Photoshop CC2015
參考範例 Example\04\Pic004.DNG

A > DNG 開啟為智慧型物件

1. 請由 Adobe Bridge 中
   開啟 Pic004.DNG
   透過 Camera Raw
   配合 Shift 按鍵
   以「開啟物件」方式
   進入 Photoshop
2. 顯示智慧型物件圖層

米哈斯的白色山城，家家戶戶都是白牆，統一掛上藍色瓷盆（沒有任何塑膠製品），搭配鮮豔盛開的鮮花，真是太西班牙囉！

B> 啟動濾鏡

1. 確認背景色「白色」
2. 功能表「濾鏡」
3. 執行「濾鏡收藏館」

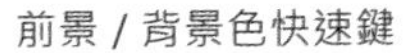

前景 / 背景色快速鍵

快速鍵「D」還原前景 / 背景色黑白預設值。
快速鍵「X」交換前景 / 背景顏色。

C> 刪除效果圖層

1. 單響選取效果圖層
2. 單響「垃圾桶」按鈕
   刪除效果圖層

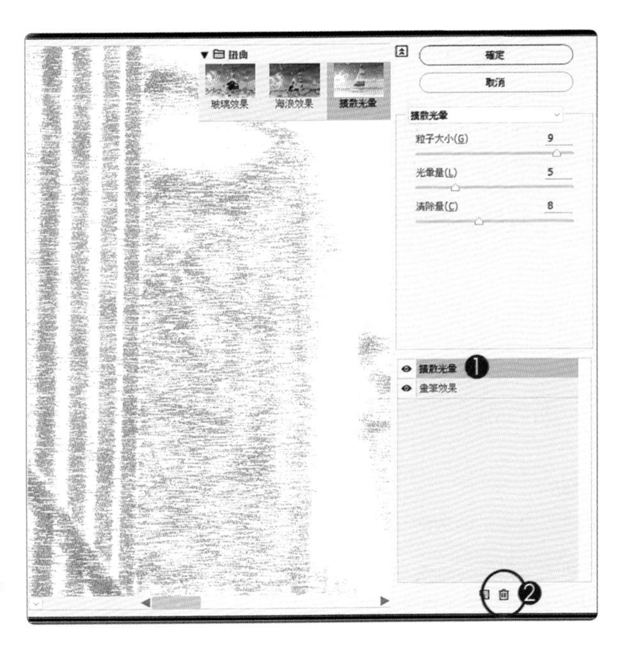

濾鏡收藏館會保留濾鏡使用紀錄

因此進入「濾鏡收藏館」後，請先檢查效果圖層數量，多出來的圖層，記得先刪除。

D> 擴散光暈

1. 只留一個效果圖層
2. 開啟「扭曲」選單
3. 單響「擴散光暈」濾鏡
   套用背景色作為光暈色彩
4. 粒子大小「9」
5. 光暈量「10」
6. 清除量「6」
7. 單響「確定」結束濾鏡

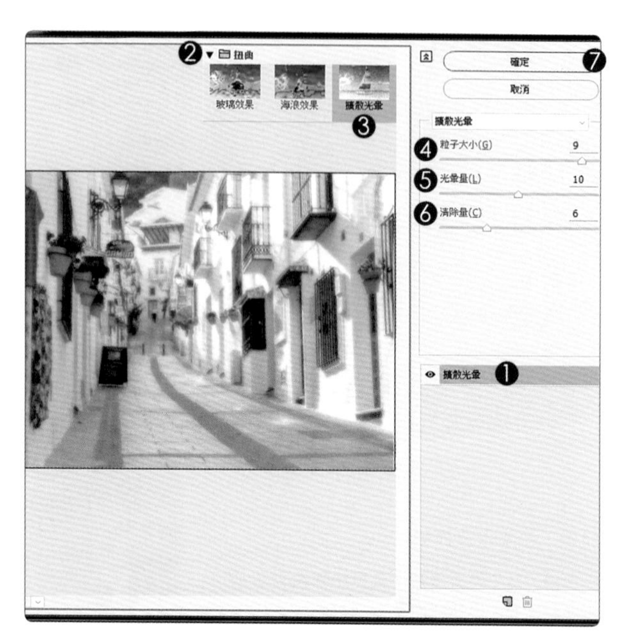

擴散光暈：清除量

清除量範圍在「0 - 20」之間，數值越大光暈的擴散越不明顯。同學可以試著調整。

E> 厚重強烈的顆粒感

1. 新增智慧型濾鏡圖層
2. 編輯區中顯示相當明顯
   的擴散光暈效果

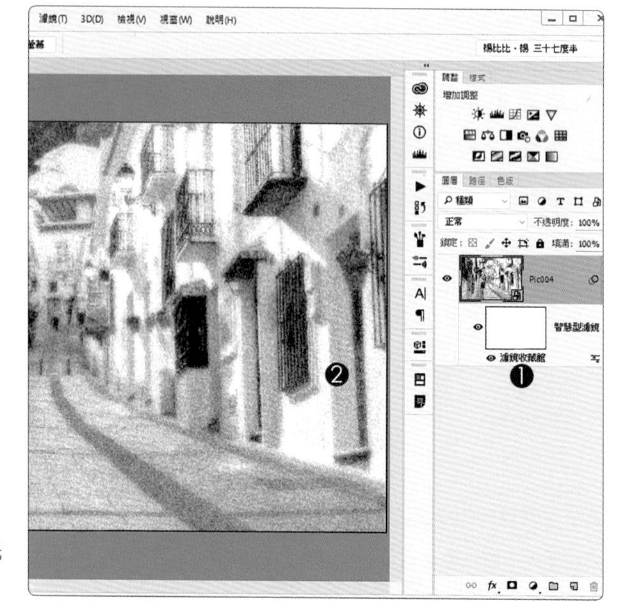

遮色片出馬的時機到了

巷弄間有光線的範圍，才有光暈、才有透光的灰塵，整張都是顆粒，太不真實囉！

F> 啟動負片效果

1. 雙響濾鏡遮色片
2. 自動開啟「內容」面板
3. 單響「負片效果」按鈕
   遮色片黑白對調

也可以使用快速鍵吧？

當然！同學可以直接單響白色的「濾鏡遮色片」，再按下快速鍵 Ctrl + I 就能將白色換為黑色遮色片，擋住下方的濾鏡作用。

G> 刷出需要透光區域

1. 單響「筆刷工具」
2. 確認前景色「白色」
3. 適度調整筆刷尺寸與硬度
4. 降低不透明「30%」
5. 單響濾鏡遮色片
6. 白色筆刷塗抹需要顯示
   光線的區域

還是太強烈？

雙響圖層上的「濾鏡收藏館」，回到收藏館對話框中調整「擴散光暈」的參數；或是使用「混合選項」修改混合模式與強度。

H> 調整濾鏡混合模式

1. 雙響混合選項圖示
2. 模式「線性加亮(增加)」
3. 不透明「80」%
4. 單響「確定」按鈕

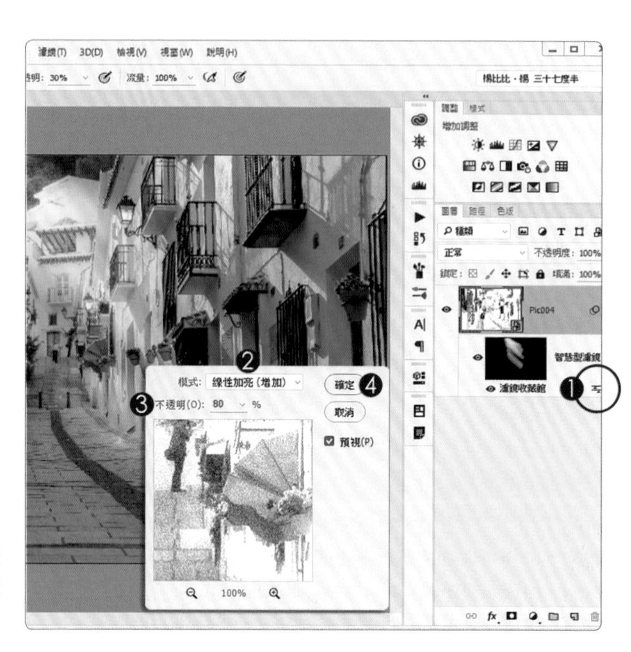

混合模式

模式中的「變亮」、「濾色」、「加亮顏色」、「線性加亮(增加)」、「顏色變亮」五款模式，雖說運算方式不同，但都可以保留濾鏡與圖層中的偏亮畫素。

I > 調整照片曝光

1. 雙響智慧型物件縮圖
2. 啟動 Camera Raw
3. 基本面板中
4. 向右拖曳「白色」滑桿 數值約為「+37」
5. 注意超出色域記號
6. 單響「確定」按鈕

超出色域記號？

色階左右兩側各有一個超出色域記號；「黑色」表示暗部與亮部都沒有過曝；若是變為其他顏色，則表示有特定色版過曝或過暗。

J> 還可以再玩一下

1. Pic004 名稱上單響右鍵
2. 透過拷貝新增智慧型物件
3. 新增 Pic004 拷貝圖層
4. 拖曳濾鏡收藏館圖層
5. 到垃圾桶中刪除
6. 目前的圖層狀況

圖層像是一張張重疊的照片

重疊在上方的拷貝圖層，會遮住下面圖層的內容，拿掉濾鏡與遮色片的圖層，便會在編輯區中顯示出照片的原貌。

K> 白色山城現身

1. 單響「Pic004 拷貝」圖層
2. 圖層混合模式「濾色」
3. 不透明度降為「82%」

寫到這裡還真有點得意。Photoshop 玩了十幾年，還真讓楊比比玩出些花樣了；有趣吧！

濾鏡收藏館

米哈斯 白色山城 1/25sec f9 ISO 100 攝影：洪 懿德

後印象派 數位油畫風格

適用版本 Adobe Photoshop CC2015
參考範例 Example\04\Pic005.DNG

A > DNG 開啟為智慧型物件

1. 請由 Adobe Bridge 中
   開啟 Pic005.DNG
   透過 Camera Raw
   配合 Shift 按鍵
   以「開啟物件」方式
   進入 Photoshop
2. 顯示智慧型物件圖層

照片失焦、模糊囉？

看看上方照片的拍攝資訊，快門速度只有 1/25 秒，手持拍攝不容易準焦；失焦照片也別放棄，換個處理手法，又是另一番風格。

B> 啟動彎曲變形

1. 功能表「編輯」
2. 選取「變形」選單
3. 執行「彎曲」
4. 選項列上開啟「彎曲」模式

什麼是「後印象派」？

是一種比較強調「記憶」與「感受」的繪畫風格；所以範例一開始，使用變形工具，改變了照片的寬高，拉出較為誇張的比例。

C> 指定彎曲模式

1. 彎曲模式開啟中
2. 彎曲「上弧形」
3. 單響「✓」結束變形

任意變形的模式會記錄在圖層中

智慧型圖層會保留所有的變形紀錄，同學可以隨時回到任意變形指令中，重新調整彎曲模式，或是取消彎曲設定。

D> 啟動濾鏡

1. 單響 Pic005 智慧型圖層
2. 功能表「濾鏡」
3. 執行「濾鏡收藏館」

盡量拍攝 RAW 格式

出門一趟不容易 (用力點頭) ，建議同學盡量拍攝 RAW 格式；RAW 的後製彈性與寬度都比 JPG 強，盡量拍 RAW，聽阿桑勸。

E> 強調邊緣濾鏡

1. 展開「筆觸」選單
2. 單響「強調邊緣」濾鏡
3. 邊緣寬度「2」
4. 邊緣亮度「38」
5. 平滑度「15」
6. 單響「確定」按鈕

建立傳統畫風盡量減少影像細節

所以請同學將「強調邊緣」濾鏡中的「平滑度」拉到最高，能使影像平滑、降低細節。

F> 啟動油畫濾鏡

1. 新增濾鏡收藏館圖層
2. 功能表「濾鏡」
3. 選取「風格化」
4. 執行「油畫」濾鏡

不能直接套用油畫濾鏡嗎？

不建議。最好先使用某些能簡化影像細節的濾鏡，類似於收藏館「筆觸」內的「強調邊緣」或是「藝術風」中的「挖剪圖案」。

G> 套用油畫筆觸

1. 筆觸樣式「1.8」
   數值越高筆觸痕跡越長
2. 筆觸清潔度「3.6」
   數值越高筆觸痕跡越乾淨
3. 油料厚實的比例「0.7」
   數值越高油料越厚
4. 毛刷細節「0」
   數值越高邊界細節越完整
5. 啟動「光源」
6. 單響「確定」結束油畫

H> 加入聚焦暗角

1. 雙響 Pic005 圖層縮圖
2. 回到 Camera Raw
3. 單響「fx」效果面板
4. 總量「-66」偏暗
5. 樣式「亮部優先」
6. 單響「確定」按鈕

若是「總量」降到「-100」照片四周覆蓋的暗角面積仍然不夠，可以降低調整「中點」數值，增加暗角遮蓋的範圍。

I > 檢視目前的效果

1. 智慧型濾鏡遮色片
   下方有兩組濾鏡
2. 雙響「手形工具」顯示全頁

已經相當不錯了

其實可以收工了，但如果同學想改變油畫風格的色調，可以再補一個圖層。來看看。

J> 顏色查詢調整圖層

1. 開啟「調整」面板
2. 單響「顏色查詢」
3. 新增顏色查詢調整圖層
4. 自動開啟「內容」面板

顏色查詢

這個名稱有點怪，反正跟查詢沒有關係；顏色查詢類似於手機上變換色調的 APP，效果與顏色組合相當多，我們來玩玩。

K> 換個色調

1. 內容面板中
2. 選用「LateSunset.3DL」
3. 組合出如同黃昏日落的色調
4. 顏色查詢圖層
5. 降低不透明度「88%」

顏色查詢的「內容」面板中，共有「3DLUT 檔案」、「抽象」、「裝置連結」三套色彩組合，同學可以花點時間，逐一試試。

米哈斯 白色山城 1/400sec f11 ISO 100 攝影：洪 懿德

立體派
藝術畫筆風格

適用版本 Adobe Photoshop CC2015
參考範例 Example\04\Pic006.DNG

依據圖層結構自己動手囉

兩件事提醒，記得以智慧型物件模式開啟 Pic006；第二，先套用的濾鏡，會放在智慧型濾鏡圖層的最下方，所以我們第一個要啟動的濾鏡是 ...「浮雕」（答對囉）。

--- 濾鏡 - 風格化 - 浮雕：-90 / 3 / 120
　混合選項：色彩增值
--- 濾鏡 - 風格化 - 尋找邊緣（無參數）
--- 濾鏡 - 濾鏡收藏館 - 素描 - 畫筆效果
　前景色「黑色」/ 7 / 100 / 左對角
--- 調整面板 - 負片效果圖層（無參數）

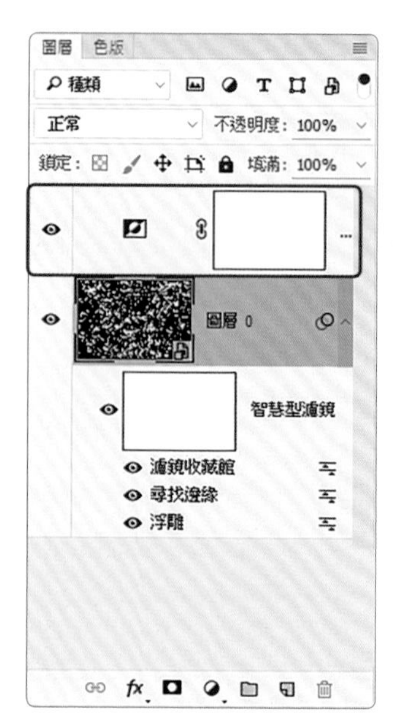

負片效果
調整圖層

A> DNG 開啟為智慧型物件

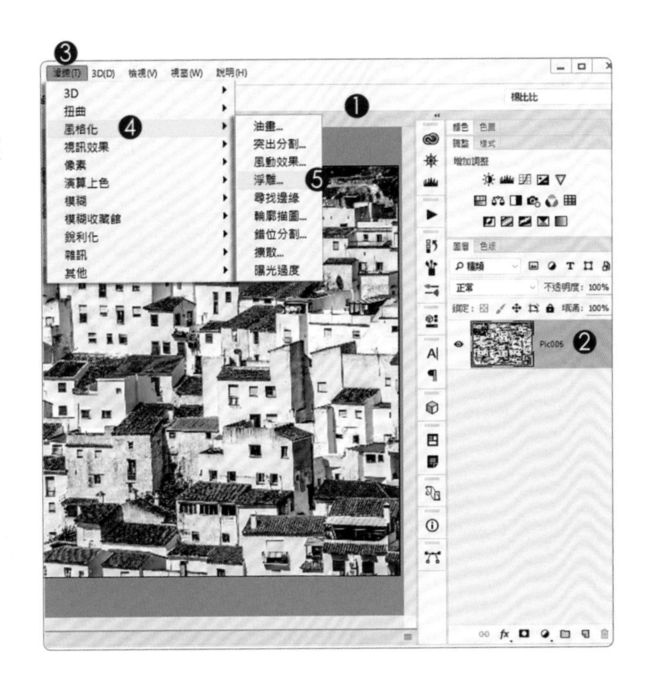

1. 由 Bridge 開啟 /04 資料夾
   開啟 Pic005.DNG
   透過 Camera Raw
   配合 Shift 按鍵
   以「開啟物件」方式
   進入 Photoshop
2. 顯示智慧型物件圖層
3. 功能表「濾鏡」
4. 選取「風格化」選單
5. 執行「浮雕」濾鏡

B> 建立浮雕效果

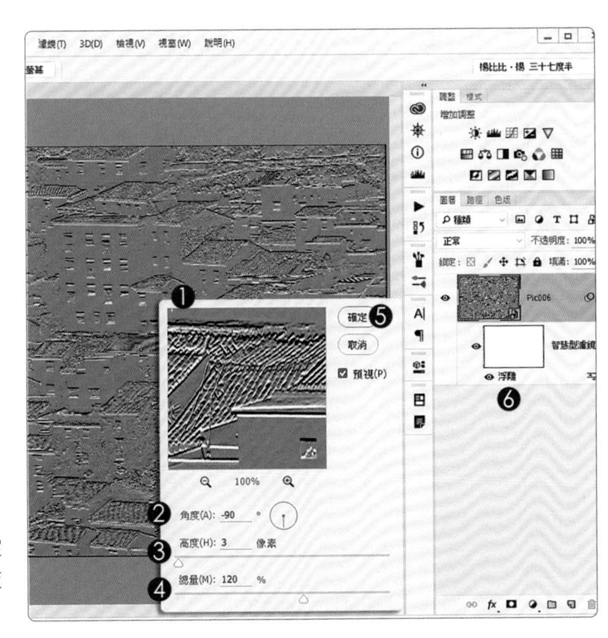

1. 顯示「浮雕」對話框
2. 角度「-90」
3. 高度「3」像素
4. 總量「120」%
5. 單響「確定」結束浮雕
6. 新增浮雕圖層

只要浮雕的立體感

浮雕會保留色彩交界的明顯邊緣，產生特定的立體感，我們需要的就是這層突起，深灰色的平面區域，可以由混合選項融合隱藏。

C> 變更浮雕混合選項

1. 雙響「混合選項」圖示
2. 模式「色彩增值」
   或是「線性光源」
3. 不透明「100%」
4. 單響「確定」結束混合選項

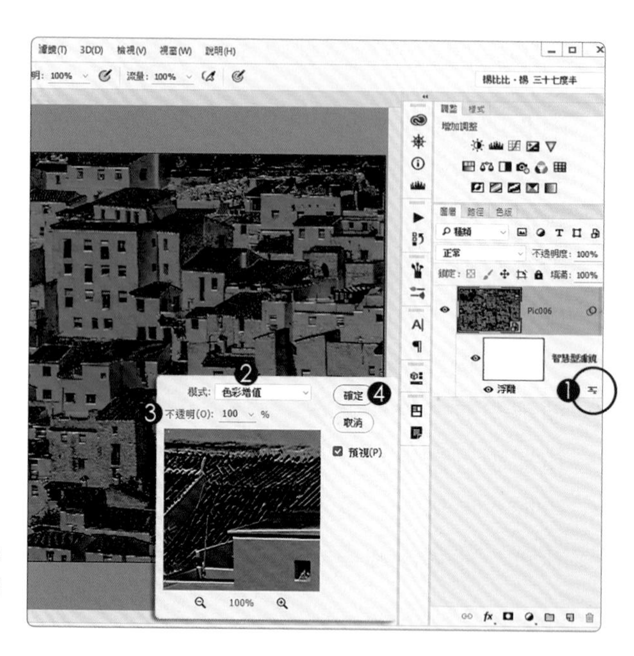

如何確定混合後效果不會太強烈？

即便像楊比比這種經驗豐富的老狐狸也無法肯定「不透明」100 是不是太強，只能等整體濾鏡搭配完畢，再進行後續調整。

D> 尋找邊緣

1. 功能表「濾鏡」
2. 選取「風格化」選單
3. 執行「尋找邊緣」

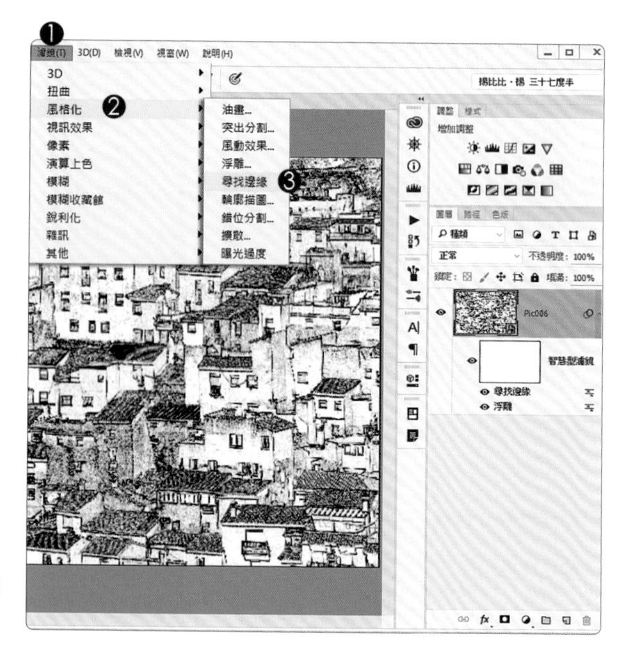

尋找邊緣沒有參數

尋找邊緣依據影像原始色彩，與目前濾鏡混合的狀態，展現邊緣，不需要設定前景色。

E> 套用畫筆濾鏡

1. 前景色「黑色」
2. 執行「濾鏡 - 濾鏡收藏館」
3. 展開「素描」選單
4. 單響「畫筆效果」縮圖
5. 筆觸長度「7」
6. 亮度 / 暗度平衡「100」
7. 筆觸方向「左對角線」
8. 單響「確定」結束濾鏡

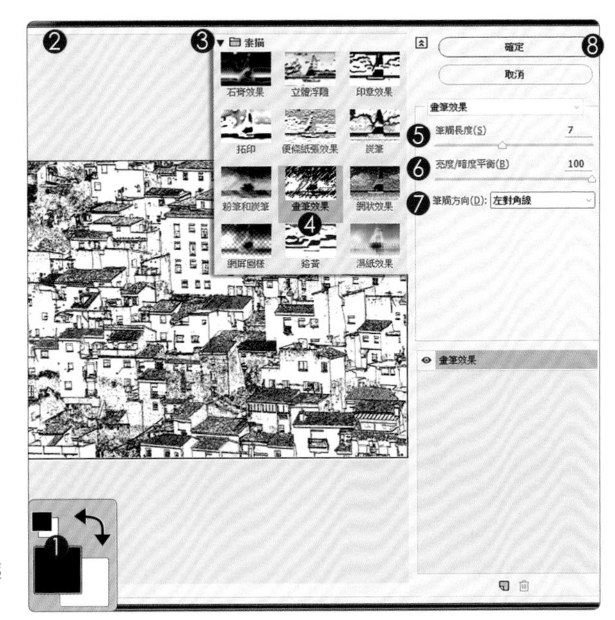

亮度 / 暗度平衡

數值在「0 - 100」之間，數值越大，暗度越明顯，線條結構也越清晰。

F> 玩個反向效果

1. 開啟「調整」面板
2. 單響「負片效果」按鈕
3. 新增「負片效果」調整圖層
4. 編輯區中黑白對調
   有點類似版畫風格

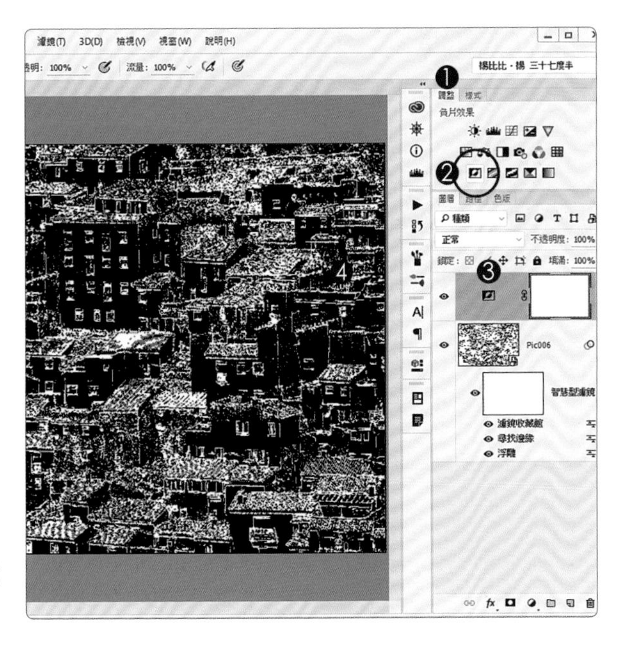

濾鏡功能表還有很多濾鏡

同學們心裡已經有很多關於濾鏡的想法，試著玩玩看吧！還有很多濾鏡可以挖掘。

簡化照片細節
濾鏡總整理

繪畫不是攝影，細部結構不會像照片一樣精細，所以適度打散影像結構、降低照片細節，在模擬傳統繪畫風格的過程中，就顯得極為重要。現在，就讓我們一起來看看，濾鏡功能表中，有哪些適合簡化照片細節的濾鏡。

指令位置：濾鏡 - 雜訊選單
濾鏡名稱：中和
參數控制：1 - 500 之間
數值越大細節越少

指令位置：濾鏡 - 濾鏡收藏館
濾鏡選單：筆觸
濾鏡名稱：強調邊緣
參數控制：平滑度 1 - 15 之間
數值越大細節越少

指令位置：濾鏡 - 濾鏡收藏館
濾鏡選單：藝術風
濾鏡名稱：挖剪圖案
海報邊緣、乾性筆刷
塗抹繪畫、調色刀

這些濾鏡需要
使用前景 / 背景色

沒錯吧！這個挺重要的，哪些濾鏡使用必須先指定「前景 / 背景色」，肯定要挖出來，否則容易套出奇怪的顏色；這種複雜的整理工作，當然就由熟門熟路的老狐狸楊比比接手（老狐狸 ... 哈哈），來看看吧！

指令位置：濾鏡 - 像素
濾鏡名稱：點狀化
參數控制：3 - 300 之間
使用顏色：背景色

指令位置：濾鏡 - 濾鏡收藏館
濾鏡選單：扭曲
濾鏡名稱：擴散光暈
使用顏色：背景色

指令位置：濾鏡 - 濾鏡收藏館
濾鏡選單：素描
除「鉻黃」與「濕紙效果」之外
所有的濾鏡使用前請先設定
前景色與背景色

* 位於功能表「濾鏡 - 演算上色」選單內的「雲狀效果」與「纖維」兩款濾鏡也會使用「前景 / 背景」顏色。

05

Analog Efex Pro

完美演繹
傳統底片風格

2016/06/14, 09:00pm Nikon D610 托雷多聖馬丁橋
1/20 秒 f/8.0 ISO 160 海拔 491.24m Photo by 楊比比

模擬傳統相機
各類底片質感
暗房沖洗技術
照片重複曝光
刮痕、漏光、邊框

超霸氣
Google Nik 全面釋出

今年（2016）攝影界最轟動的大事，就是 Google 釋出要價 150 美金（早期要 500 美金）的 Nik 濾鏡；Nik 能外掛在 Lightroom 與 Photoshop 中，是所有專業攝影師與美編人員，最為推薦的 Adobe 外掛濾鏡。

動作快！先下載 Google Nik

還沒有下載 Nik 濾鏡的同學，請先上網搜尋「Google Nik」，由 Google 網站中下載全系列的 Nik 濾鏡。安裝程式前，請先關閉相關的相片編輯程式（如 Photoshop）再開始安裝 Google Nik 濾鏡。

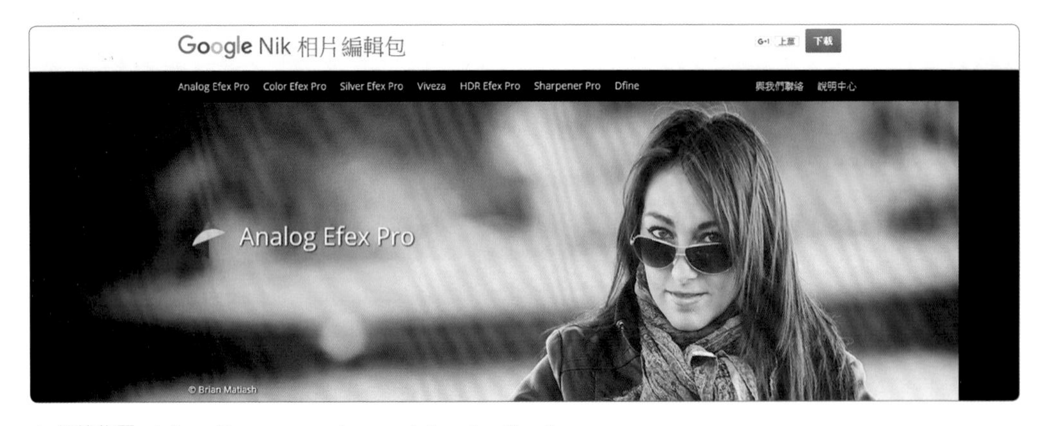

▲ 網站位置：https://www.google.com/nikcollection/

Nik 濾鏡安裝完畢會放在哪裡？

Nik 安裝完成後會放置在 Photoshop 功能表「濾鏡」選單中；Lightroom 則是在功能表「相片 - 在應用程式中編輯」選單內。Google 建議使用者，盡量在 Photoshop 中套用 Nik 系列濾鏡，才能透過圖層，控制濾鏡的作用範圍與作用力度（Lightroom 沒有圖層喔）以期獲得最好的視覺效果。

Google Nik
七套重量級濾鏡

剛開始聽到 Google 釋出 Nik 時，楊比比的小心眼開始作祟，總覺得「免費」能有多好，了不起給個一兩組濾鏡，讓大家試試水溫，日後 Google 再狠撈一筆；等程式安裝完畢，才感受到 Google 的大氣，真是毫無保留全部釋出。

Analog Efex Pro 傳統底片風格

能模擬多款不同的傳統相機，包含各式底片色調、沖洗痕跡、歲月刮痕、顏色淡化、特殊散景、重複曝光、影像變形，及特殊邊框效果。

Color Efex Pro 全方位組合式濾鏡

Nik 中最受歡迎的一款濾鏡，能控制影像色調、展現特殊風格；對照片沒有想法時，來 Color Efex Pro 中找靈感就沒錯了，甚麼五花八門的濾鏡都有。

Silver Efex Pro 業界最受推崇的黑白濾鏡

Scott Kelby（Photoshop 協會主席）曾經在書上寫到：Silver Efex Pro 能展現黑白攝影的極致藝術風格，是所有專業攝影師必備的濾鏡。厲害吧！

Viveza 曝光色調濾鏡 / Dfine 抑制雜點

Viveza 能局部控制照片的曝光、色調、清晰程度。Dfine 則提供雜點移除的功能，能針對高 ISO 雜訊進行適度的抑制，效果相當不錯。

HDR Efex Pro 高動態影像合成

經由 Adobe Bridge 結合多張不同曝光的照片，平衡影像間的曝光控制，透過精確運用，能展現不同於 Photoshop 內建的 HDR 效果。

Sharpener Pro 專業影像銳利化濾鏡

展現不同於 Photoshop 的細微手法，能突顯部分細節，精準調整影像中邊緣結構，還能依據輸出裝置提供各項輸出性銳利化，同學一定要試試。

Google Nik 系列
濾鏡介面

老實說，楊比比挺喜歡 Google Nik 的操控介面，所有的濾鏡都使用縮圖的方式顯示，套用起來相當直覺；現在我們就花點時間，了解 Google Nik 濾鏡中面板的控制方式，與編輯區中顯示比例的調整。

1. 單響「面板控制」按鈕，展開 / 收合左側濾鏡縮圖面板。
2. 三種檢視編輯區中照片的方式，分別為「單圖」、「分割」、「端側」。
3. 按著「比較」按鈕不放，編輯區中顯示照片原始狀態。
4. 單響三角形按鈕，能由選單中指定編輯區中照片的顯示比例。
5. 按一次燈泡按紐，能以「黑、白、灰」三色循環更換編輯區的背景顏色。
6. 單響「面板控制」按鈕，展開右側參數控制面板。
7. 顯示檔案名稱、檔案容量、ISO 值、相機型號。

Google Nik 濾鏡
偏好設定控制

Google Nik 濾鏡套用完畢後，通常會自動將套用結果放置在新圖層中，挺不錯的吧！這就是 Nik 濾鏡的偏好設定，如果沒有開啟，可能會錯過這個很棒的程序，現在，我們接著看看 Google Nik 幾項基本的偏好控制。

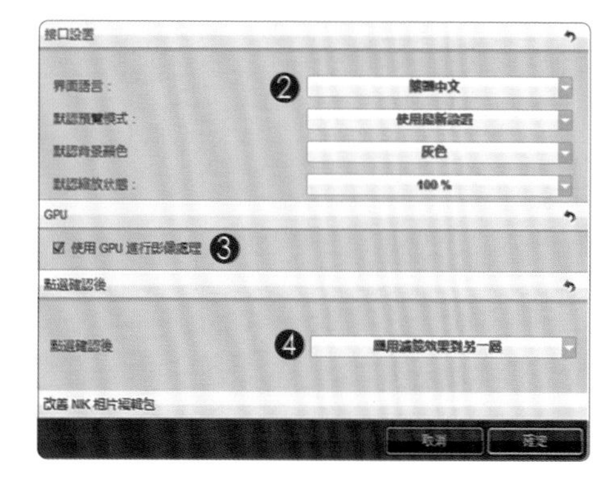

雖說偏好設定雖說是繁體字，但使用的是大陸用語（人家市場大）重點是我們都能看懂，那就沒有問題囉！

1. 單響「設定」按鈕
2. 介面語言「繁體中文」
3. 勾選「使用 GPU 進行影像處理」
4. 確認後「應用濾鏡效果到另一層」

托雷多聖馬丁橋 1/160sec f8.0 ISO 160 攝影：楊比比

重現
傳統底片相機

適用版本 Adobe Photoshop CC2015
參考範例 Example\05\Pic001.DNG

A> 開啟 DNG 格式

1. 啟動 Adobe Bridge
2. 開啟檔案資料夾
   Example\05
3. 單響 Pic001.DNG
4. 在 Camera Raw 中開啟

不能放棄的照片

晃動、失焦、色偏、還有明顯玻璃反光，卻是西班牙旅程中唯一的「聖馬丁橋」，怎麼說也不能刪除，所以我們換個方式來處理。

B> 開啟 Camera Raw

1. 啟動 Camera Raw 程式
2. 按著 Shift 不放
   單響「開啟物件」按鈕

都是玻璃隔熱紙造成的色偏

Analog Efex Pro 會大幅改變照片的色調與曝光，所以 Camera Raw 這部分只要簡單調整基本控制就可以囉，白平衡先跳過。

C> 調整影像尺寸

1. 智慧型物件圖層
2. 功能表「影像」
3. 執行「影像尺寸」
4. 解析度「96」像素 / 英吋
5. 單位「像素」
6. 寬度「1520」
7. 單響「確定」按鈕

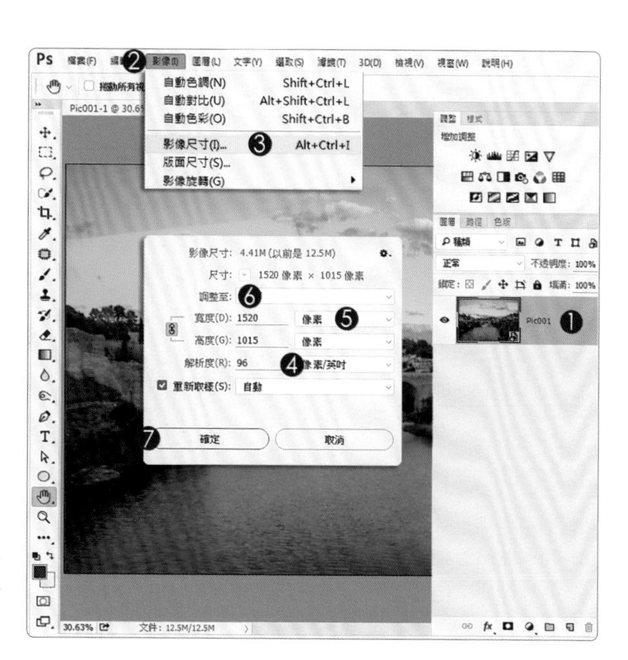

外掛濾鏡運算的時間都特別長

就像外掛硬碟一樣，傳輸速度就沒有電腦內部的硬碟快。所以使用 Google Nik 濾鏡前記得先調整照片到需要的輸出尺寸。

D> 啟動 Anglog Efex Pro

1. 功能表「濾鏡」
2. 選取「Nik Collection」
3. 執行「Analog Efex Pro」

濾鏡(T) 3D(D) 檢視(V) 視窗(W) 說明(H)
3D
扭曲
風格化
視訊效果
像素
演算上色
模糊
模糊收藏館
銳利化
雜訊
其他
Nik Collection
瀏覽網上濾鏡...
顯示全部選單項目
Analog Efex Pro 2
Color Efex Pro 4
Dfine 2
HDR Efex Pro 2
Sharpener Pro 3: (1) RAW Presharpener
Sharpener Pro 3: (2) Output Sharpener
Silver Efex Pro 2
Viveza 2

Nik Collection 不能執行？

Nik 系統內的濾鏡只能作用在：色彩模式為 RGB、點陣圖層、智慧型物件圖層。不能套用在遮色片、色版或是 CMYK 模式中。

E> 提示訊號

1. 提示目前圖層為智慧型物件圖層
2. 勾選「不要再顯示」
3. 單響「確定」按鈕

智慧型圖層能維持濾鏡的彈性

這個對話框只是提醒，同學不用太在意，濾鏡作用在智慧型圖層中，能調整參數、運用遮色片控制作用範圍，還可以透過混合選項調整濾鏡強弱，這麼好，當然繼續使用。

F> 套用經典相機

1. 開啟左右兩側面板（紅圈）
2. 單響「經典相機 4」縮圖
3. 展開「膠片種類」面板
4. 選取「暖色調」
5. 單響縮圖更換底片
6. 單響「確定」結束濾鏡

Analog 只有這幾款效果嗎？

當然不是，Analog 是 Nik 系列中相當強勢的濾鏡，能混合出數百上濾鏡效果，好玩極了，這個練習只是試試水溫，不急！

G> Nik 也提供混合選項

1. 完成的 Analog 濾鏡圖層
2. 雙響「混合選項」圖示
3. 不透明「92」%
4. 單響「確定」按鈕

只是想讓大家知道 Nik 也能控制混合選項

Google Nik 系列濾鏡都可以作用在智慧型圖層中，能反覆調整濾鏡參數、控制混合選項，也能運用遮色片限定作用範圍。

Analog Efex Pro 2
感受暗房時代沖洗樂趣

「感受暗房時代沖洗樂趣」這是 Google Nik 對於 Analog Efex Pro 濾鏡精準的評價，沒錯！即便沒有玩過底片、沒有經歷過暗房沖洗，都能在 Analog 濾鏡中各類特殊的相機中找出許多有趣的想法，玩出更多精彩的照片。

十款經典底片機

Analog Efex Pro 2 （簡稱：Analog）內建 10 組特殊效果底片機，就藏在經典相機那個按鈕上，還沒發現嗎？馬上來看看有那些相機可以玩。

十四款可獨立使用的特效工具

除了使用工具組合中的底片相機之外，也能選用「工具」內的各項設定，如「基本調整」、「鏡頭扭曲」等等，拋開複雜的相機設定，直接套用特定效果。

Analog Efex Pro 2 底片機獨特的控制選項

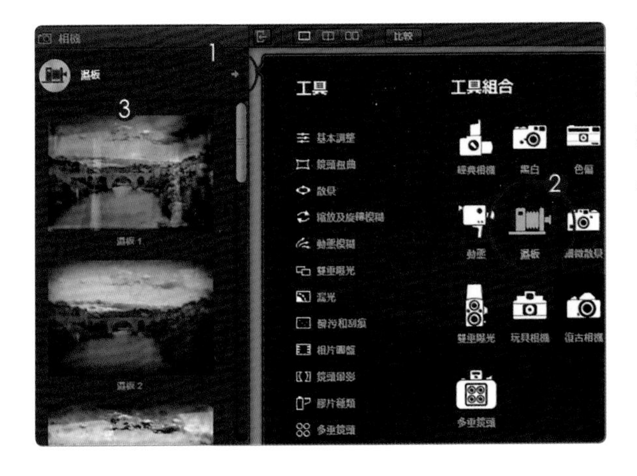

1. 單響「箭頭」展開工具面板
2. 單響「工具組合」下的相機
3. 單響縮圖套用相機效果
4. 顯示相機的控制選項

單獨管理相機控制選項

同學可以試著單響三角形按鈕，展開控制選項面板；或是單響控制選項前方的勾選，取消該項目在相機內的作用。有點概念之後，馬上進行範例練習。

Analog Efex Pro

阿維拉廣場 1/3500sec f3.5 ISO 100 攝影：洪藝德

重回 18 世紀 體驗濕板攝影術

適用版本 Adobe Photoshop CC2015
參考範例 Example\05\Pic002.DNG

A > 啟動 Analog 濾鏡

1. 由 Bridge 開啟 /05 資料夾
   單響 Pic002.DNG 縮圖
   透過 Camera Raw
   配合 Shift 按鍵
   以「開啟物件」方式
   進入 Photoshop
2. 顯示智慧型物件圖層
3. 功能表「濾鏡」
4. Nik Collection 選單
5. 執行 Analog Efex Pro 2

B> 選用濕板相機

1. 單響「經典相機」圖示
   或是箭頭按鈕
2. 工具組合「濕板」
3. 濕板攝影預設選項縮圖

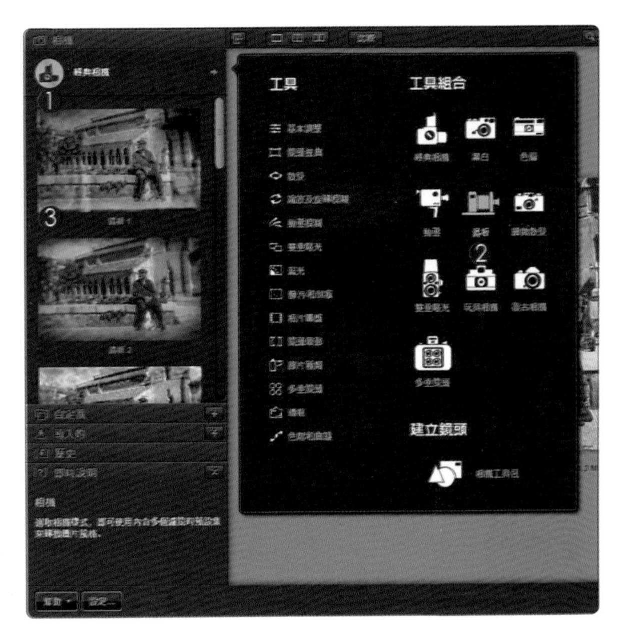

什麼是濕板攝影？

那是個我們都沒有經歷過的年代，但仍然可以由網頁中得到些蛛絲馬跡；濕板是以泡過感光藥水的玻璃進行攝影，潮濕的玻璃容易產生流水痕跡，也成了濕板攝影的特色。

C> 濕板相機

1. 顯示濕板相機多種組合配方
2. 單響「濕板 2」縮圖
3. 右側面板顯示與濕板相機
   相關各項設定面板

每一款相機的設定面板數量都不同；以濕板為例，包含右側的「基本調整」、「散景」、「髒污和刮痕」、「相片圓盤」、「鏡頭暈影」、「膠片種類」等設定項目。

D> 相片圓盤

1. 單響三角形按鈕
   展開「相片圓盤」面板
2. 藥水流動狀態「條紋」
3. 單響縮圖選取水痕圖示
4. 強度「100%」
5. 編輯區顯示明顯的藥水痕跡

相片圓盤：濕板攝影的玻璃底片

由於濕板攝影需要使用「泡過感光藥水的玻璃」來取代底片，所以我們先由「相片圓盤」面板中選取濕板攝影所需要的「玻璃」。

E> 髒污和刮痕

1. 單響三角形按鈕
   展開「髒污和刮痕」面板
2. 模式「侵蝕」
3. 單響縮圖選取侵蝕痕跡
4. 強度「100%」
5. 移動指標到編輯區
   拖曳控制點調整痕跡位置

取消特效顯示

喜歡效果單純點的同學，可以取消「髒污和刮痕」面板前面的勾選，關閉「髒污和刮痕」讓濕板僅留下玻璃板上藥水的痕跡。

F> 散景

1. 單響三角形按鈕
   展開「散景」面板
2. 散景樣式「圓形」
3. 模糊度「40%」
4. 拖曳散景中心點到人物上
5. 拖曳外側圓控制散景範圍
6. 拖曳內側緣控制清晰區域

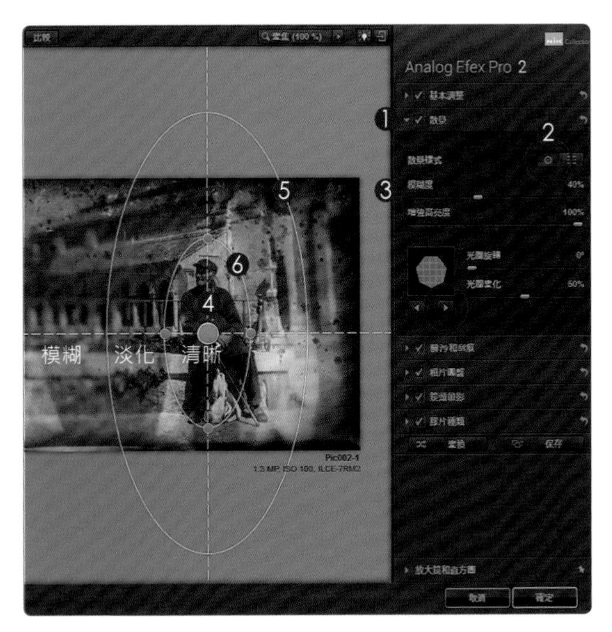

控制光圈樣式

試著更換散景光圈樣式(紅圈處)並調整「光圈旋轉」與「光圈變化」兩組參數，能影響散景模糊的狀態，並提供更有趣的變化。

G> 基本調整控制面板

1. 單響三角形按鈕
   展開「基本調整」面板
2. 擷取詳細資料「11%」
   表現出更多的影像細節
3. 飽和度「-62」
   混入原始照片的顏色

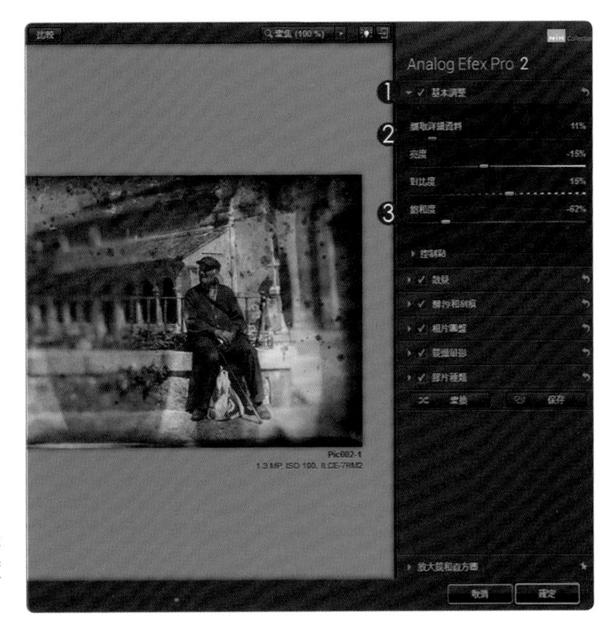

每一組相機都有「基本調整」面板

基本調整中提供的參數，最常用的就是能提高影像細節的「擷取詳細資料」，並能適度還原影像色彩的「飽和度」。

H> 鏡頭暈影

1. 單響三角形按鈕
   展開「鏡頭暈影」面板
2. 移動指標到編輯區
   拖曳中心點調整暈影位置
3. 數量「-45」
4. 暈影外框接近「長方形」
5. 拖曳滑桿控制「大小」

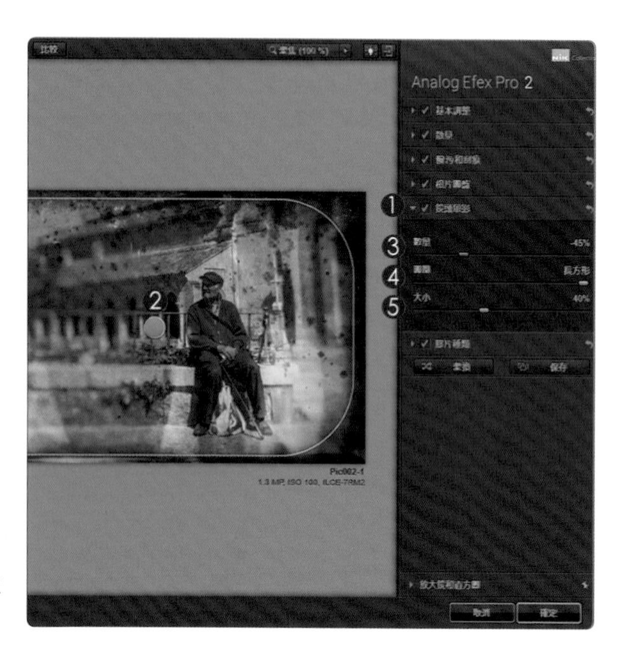

鏡頭暈影「數量」

「數量」控制範圍在「-100」到「+100」之間，負值暈影偏暗；正值暈影篇亮。

I > 膠片種類

1. 單響三角形按鈕
   展開「膠片種類」面板
2. 膠片類型「黑白色調」
3. 單響縮圖套用膠片
4. 增加點顆粒感「338」

膠片種類面板參數

面板內的翻譯很難理解，黑白色調膠片，其實是單色調的膠片類型。而「沒像素的微粒」(可怕的翻譯)是指底片上的顆粒感，數值在「1 - 500」之間，數值越小顆粒越明顯。

J > 保留相機設定

1. 單響「保存」按鈕
2. 輸入新組合的名稱
3. 單響「確定」按鈕
4. 左側「自定義」面板中
5. 新增組合縮圖
6. 單響「確定」結束濾鏡

注意照片的挑選

古巴現在仍有很多 50 年代留下來的美國經典車款，如果能去拍一些，應該非常適合拿來展現 Analog Efex Pro 濾鏡效果。

K > 控制濾鏡混合選項

1. 雙響混合選項圖示
2. 模式「變暗」
3. 不透明「90」%
4. 單響「確定」按鈕

Analog Efex Pro 第一次完整練習

同學應該能掌握如何更換濾鏡中的相機、運用右側面板控制相機的各項設定，並保留變更後的數據，成為新的相機設定組合。

Analog Efex Pro

皇城 唐吉軻德小酒館旁教堂 1/400sec f9 ISO 200 攝影：莊祐嘉

雙重曝光
玩出魅影特效

適用版本 Adobe Photoshop CC2015
參考範例 Example\05\Pic003.DNG

A > 啟動 Analog 濾鏡

1. 由 Bridge 開啟 /05 資料夾
   單響 Pic003.DNG 縮圖
   透過 Camera Raw
   配合 Shift 按鍵
   以「開啟物件」方式
   進入 Photoshop
2. 顯示智慧型物件圖層
3. 功能表「濾鏡」
4. Nik Collection 選單
5. 執行 Analog Efex Pro 2

B> 雙重曝光相機

1. 單響「相機」面板
2. 單響「經典相機」圖示
   或是箭頭按鈕
3. 工具組合「雙重曝光」
4. 顯示雙重曝光設定組合縮圖

雙重曝光

以兩張（或單張）照片，依據不同的曝光程度，混合而成的攝影作品，具有比較抽象的朦朧美（哈哈）來看看右側的選項控制面板。

C> 套用雙重曝光

1. 單響「雙重曝光 3」縮圖
2. 右側面板變更為
   與雙重曝光相關的控制選項
   自動展開「雙重曝光」
3. 拖曳控制點
   改變第二張混合照片的位置

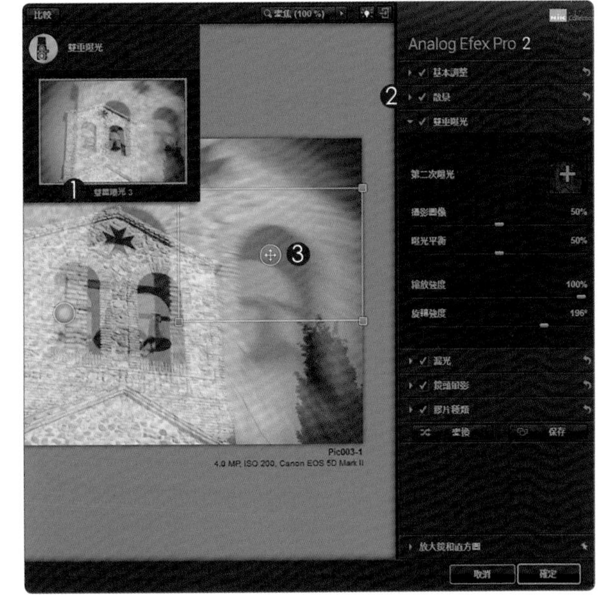

同學可以試著拖曳編輯區中「第二次曝光」照片的中央控制點，改變照片位置；或是拖曳四周的控制點，調整照片大小。

D> 曝光強度變形旋轉

1. 移動指標到編輯區內
   顯示第二曝光控制點
2. 拖曳控制框線
3. 相當於調整「縮放強度」
4. 拖曳外側小圓點
5. 相當於調整「旋轉強度」

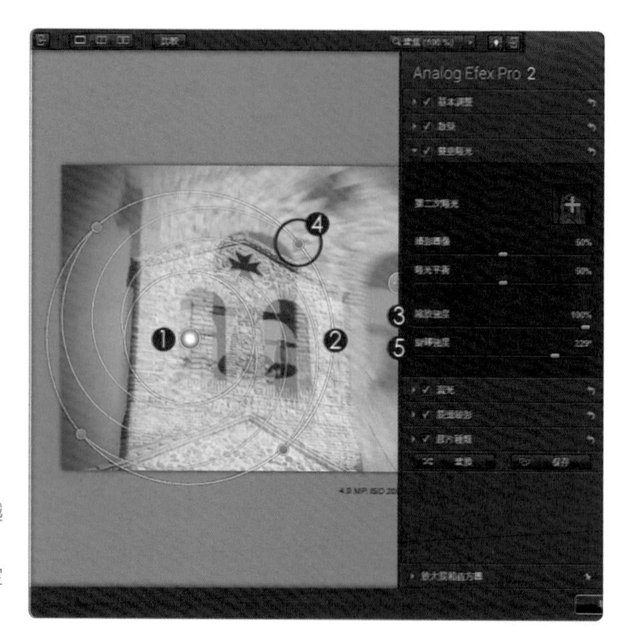

縮放強度 / 旋轉強度

縮放強度：範圍在 0% - 100% 之間，數值越大，重疊照片的顯示範圍越大。旋轉強度：範圍在「-360」到「+360」之間，依據指定角度，控制重疊照片的散景狀的旋轉角度。

E> 自訂曝光照片

1. 單響「+」記號縮圖
   選取 05 資料夾
   Pic003-1.JPG
2. 拖曳調整重疊照片的位置
3. 拖曳控制框調整照片的大小

重疊曝光照片的格式？

建議使用 JPG 格式。Analog 雙重曝光相機不支援 RAW、DNG 或是去背的 PNG 格式。

F> 重疊照片曝光平衡控制

1. 雙重曝光面板中
2. 拖曳「攝影圖像」滑桿
   觀察原始照片的變化
3. 拖曳「曝光平衡」滑桿
   能控制重疊照片的曝光

移除重疊曝光照片

單響「重疊曝光」面板中顯示「x」記號的縮圖，便能移除載入的重疊照片。

G> 漏光效果

1. 單響三角形按鈕
   展開「漏光」面板
2. 模式「清晰」
3. 單響縮圖選取漏光效果
4. 拖曳控制點調整漏光位置
5. 強度「100%」
6. 單響「確定」結束濾鏡

展開控制面板才能控制效果位置

開啟「漏光」面板後，編輯區中才會顯示與「漏光」有關的控制點；每一個面板的控制項目都不同，同學使用時要特別留心。

Analog Efex Pro

皇城 白色風車 1/400sec f11 ISO 200 攝影：莊 祐嘉

展現懷舊風
復古相機現身

範例內包含即時説明與歷史紀錄。請勿跳過

適用版本 Adobe Photoshop CC2015
參考範例 Example\05\Pic004.DNG

A > 啟動 Analog 濾鏡

1. 由 Bridge 開啟 /05 資料夾
   單響 Pic004.DNG 縮圖
   透過 Camera Raw
   配合 Shift 按鍵
   以「開啟物件」方式
   進入 Photoshop
2. 顯示智慧型物件圖層
3. 功能表「濾鏡」
4. Nik Collection 選單
5. 執行 Analog Efex Pro 2

B> 啟動復古相機

1. 單響開啟「相機」面板
2. 單響「經典相機」圖示
   或是箭頭按鈕
3. 工具組合「復古相機」
4. 顯示雙重曝光設定組合縮圖

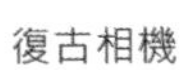

復古相機

經典相機、色偏、玩具相機、復古相機調整方式與效果都十分接近，但復古相機有個很特別的控制項目「邊框」挺好玩的，來看看。

C> 套用復古相機效果

1. 單響「復古相機 2」縮圖
2. 編輯區套用效果
   還有邊框喔
3. 自動開啟「膠片種類」面板
4. 模式「暖色調」
5. 單響縮圖選取膠片類型
6. 往「中性」方向拖曳滑桿
   加強膠片清晰度
7. 強度「100%」
   增加膠片套用到照片的強度

D> 控制邊框

1. 單響三角形按鈕
   展開「邊框」面板
2. 模式「白色」
3. 邊框縮放「100%」

邊框

模擬各類底片型邊框效果，共有「影片膠捲」、「白色」、「燈箱」三種模式。沒有傳統的黑白邊框，都是有點磨損的款式。

E> 好手氣

1. 單響「變換」按鈕
2. 隨機調整上方面板的參數

每一個面板的參數都會調整嗎？

是的！目前使用的相機控制面板內的所有滑桿，注意只有包含數值的滑桿才能隨機變更。以「邊框」面板來說「邊框縮放」會受「變換」按鈕影響而變更，但「白色」模式與模式內的選項，都不受影響。

F> 即時說明

1. 指標移動到「邊框」面板
2. 顯示與邊框面板相關的說明
3. 單響「X」按鈕
   關閉「即時說明」面板
4. 單響「幫助」按鈕
   能重新開啟「即時說明」

引導式說明

單響「幫助」按鈕，再由選單內選取「開始使用」即可顯示引導式說明，帶領我們逐步學習 Analog Efex Pro 2 濾鏡。

G> 歷史面板

1. 單響「歷史」面板
2. 顯示進入濾鏡後
   所有的控制項目與數據
3. 單響「初始狀態」
   能恢復照片進入濾鏡
   的原始狀態

可以回復到任何一個程序中

同學可以單響「歷史」面板中的任何一個步驟，能立即回復該步驟的狀態下；「歷史」面板類似於「步驟紀錄」相當方便。

Analog Efex Pro

哥多華 百花巷 1/80sec f6.3 ISO 200 攝影：莊 祐嘉

多重鏡頭
拼貼組合照片

適用版本 Adobe Photoshop CC2015
參考範例 Example\05\Pic005.DNG

A> 啟動 Analog 濾鏡

1. 由 Bridge 開啟 /05 資料夾
   單響 Pic005.DNG 縮圖
   透過 Camera Raw
   配合 Shift 按鍵
   以「開啟物件」方式
   進入 Photoshop
2. 顯示智慧型物件圖層
3. 功能表「濾鏡」
4. Nik Collection 選單
5. 執行 Analog Efex Pro 2

B> 啟動多重鏡頭

1. 單響開啟「相機」面板
2. 單響「經典相機」圖示
   或是箭頭按鈕
3. 工具組合「多重鏡頭」
4. 顯示多重鏡頭設定組合縮圖

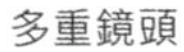

多重鏡頭

提供四款不同的分割區域，進行拼貼；每個空間都可以單獨調整照片的位置、大小、旋轉角度，與色調變化。

C> 套用多重鏡頭效果

1. 單響「復古濾鏡 1」縮圖
2. 編輯區套用效果
   以白色邊框分隔照片
3. 多重鏡頭支援五組控制項目
   顯示在視窗右側

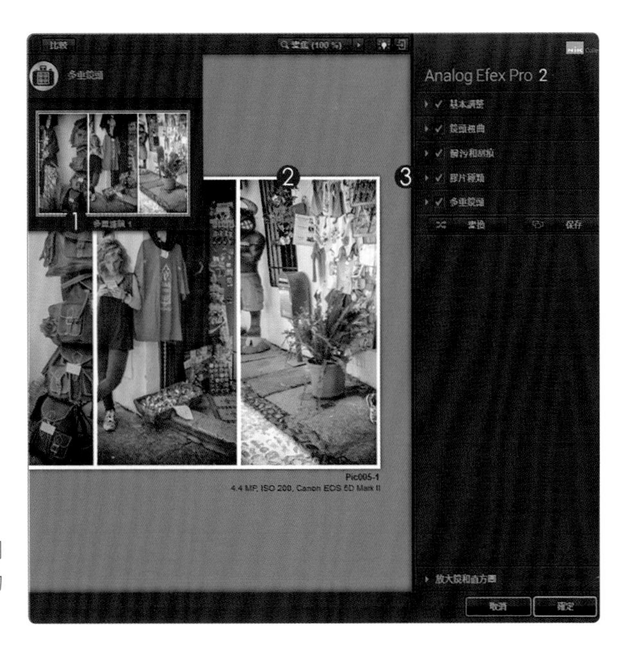

關閉不需要的控制項

除了「多重鏡頭」面板之外，其餘的項目同學可以依據實際需求，保留或是取消面板的勾選，解除該項目在照片中的作用。

D> 多重鏡頭面板內容

1. 單響三角形按鈕
   展開「多重鏡頭」面板
2. 預設為垂直三重分割
3. 框線顏色「白」

多重鏡頭面板

包含四款分割方式、框線顏色、寬度、照片四周的暗角控制；分割區內照片效果的差異度由「變化強度」與「變化類型」控制。

E> 調整框線與效果

1. 框線顏色「黑」
2. 往「寬」方向拖曳框線滑桿
3. 編輯區中顯示
   較寬的黑色框線
4. 黑角「100%」
   照片四周顯示明顯的暗角
5. 變化強度「100%」

框線顏色

多重鏡頭只提供「白」、「黑」、「無框線」三種基本款；還好只有這三種，要是多來點喧賓奪主的「紅黃綠」，那就嚇人囉！

F> 調整分割區內的照片

1. 移動指標到分割區內
   拖曳中央控制點
   調整照片顯示位置
2. 拖曳「方形控制點」
   改變照片尺寸
3. 移動指標到框線外側
   拖曳旋轉照片角度

多重鏡頭控制項

千萬記住一定要在「多重鏡頭」面板展開的狀態下，才能調整分割區內的照片大小與位置。其他面板無法控制分割區內的照片。

G> 只要分割照片

1. 取消四組面板的勾選
2. 保留「多重鏡頭」
3. 黑角「0%」
4. 變化強度「0%」
5. 變化類型「1」

不用照單全收

即便套用 Analog 濾鏡也不用照單全收，請依據上述方式，就能在不改變照片曝光色調的狀態下，留下需要的效果。

Analog Efex Pro

哥多華 百花巷 1/80sec f6.3 ISO 200 攝影：莊 祐嘉

相機工具包 基本控制項

範例內包含控制點與檢視比例設定。請勿跳過

適用版本 Adobe Photoshop CC2015
參考範例 Example\05\Pic006.DNG

A > 啟動 Analog 濾鏡

1. 由 Bridge 開啟 /05 資料夾
   單響 Pic006.DNG 縮圖
   透過 Camera Raw
   配合 Shift 按鍵
   以「開啟物件」方式
   進入 Photoshop
2. 顯示智慧型物件圖層
3. 功能表「濾鏡」
4. Nik Collection 選單
5. 執行 Analog Efex Pro 2

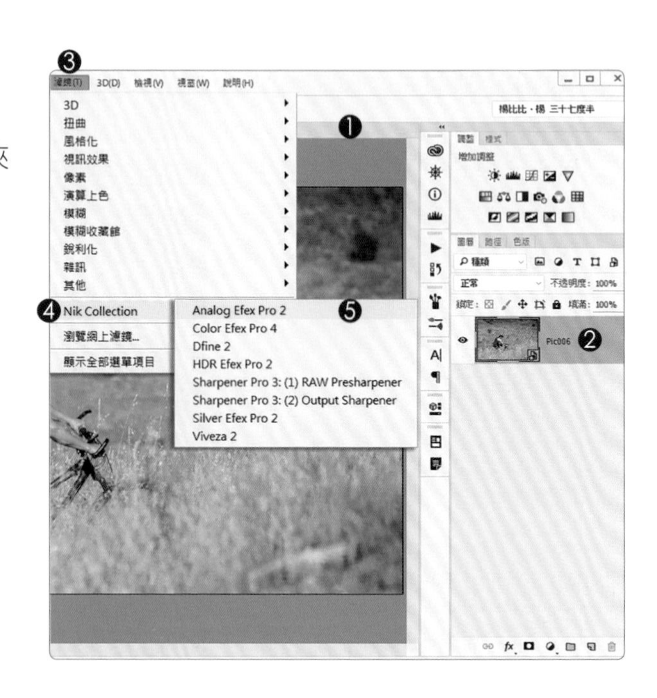

B> 啟用工具

1. 單響開啟「相機」面板
2. 單響「經典相機」圖示或是箭頭按鈕
3. 工具「基本調整」

工具與工具組合

不論是經典相機、黑白、或是動態，都是運用幾項不同的工具進行組合而成的。現在就來試試，自己組合幾款不同的工具。

C> 開啟基本調整面板

1. 相機工具包「基本調整」
2. 顯示「基本調整」面板
3. 參數皆為預設值
4. 編輯區中的照片維持原狀

還原面板預設值

單響「還原」按鈕，恢復面板預設值。

D> 基本調整控制整張照片

1. 擷取詳細資料「50%」
   增強影像各部分細節
2. 飽和度「-35%」
   降低照片整體色彩濃度

整張照片的細節、亮度、對比、飽和都受到「基本調整」面板參數的影響；現在讓我們透過控制點，分區控制各項基本設定。

E> 新增控制點

1. 單響「三角形」按鈕
   展開「控制點」面板
2. 單響「添加控制點」按鈕
3. 單響編輯區建立控制點
4. 拖曳第一個滑桿
   調整控制點的作用範圍
   顯示作用範圍的控制比例

F> 局部控制

1. 拖曳控制點內
   擷取詳細資料滑桿
   改變局部範圍內的細節控制
2. 不影響整體設定

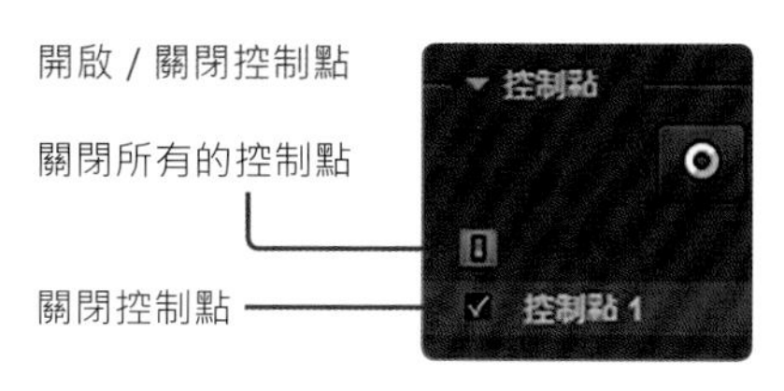

G> 新增控制點

1. 單響「添加控制點」按鈕
2. 單響編輯區增加控制點
3. 拖曳第一條控制線
   調整控制範圍的大小

刪除不用的控制點

選取編輯區內的控制點（目前選到的「控制點 2」）再單響「垃圾桶」（紅圈）。

H> 增加膠片種類

1. 指標移動到「膠片種類」
   單響後方的「+」按鈕
2. 新增「膠片種類」面板
3. 變更膠片模式「冷色調」
4. 單響縮圖套用膠片

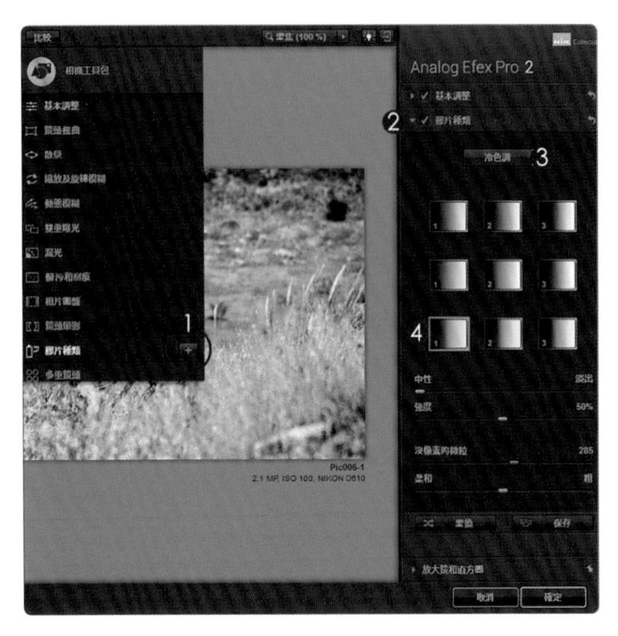

膠片種類面板參數說明

中性 / 淡出：滑桿往「中性」方向膠片顏色越明顯。滑桿往「淡出」方向顏色越淡。

強度：數值越大，膠片效果越明顯。

沒像素的微粒：數值「500」完全沒有顆粒。

柔和 / 粗：滑桿控制顆粒的粗細。

I > 加入鏡頭暈影工具

1. 指標移動到「鏡頭暈影」
   單響後方的「+」按鈕
2. 新增「鏡頭暈影」面板
3. 拖曳中心點移動暈影位置
4. 拖曳控制框調整暈影大小

鏡頭暈影面板參數

數量：負值為黑色暈影；正值為白色暈影。

圓圈 / 長方形：拖曳滑桿控制暈影外型。

大小：數值越大鏡頭暈影的作用範圍越大。建議拖曳編輯區控制框，比較直覺。

J > 移除工具

1. 相機工具包項目中
2. 移動指標到「鏡頭暈影」單響後方的「 - 」按鈕
3. 移除右側工具面板
4. 編輯區中的暈影效果也消失

現在，同學可以試著將「相機工具包」內的效果增加到右側面板中，試著逐一編輯面板內的各項設定，玩玩看，不困難的。

K > 檢視影像細節

1. 單響「變焦 (100%) 」
2. 顯示「導航器」面板
3. 拖曳控制框顯示局範圍
4. 展開「放大器和直方圖」
5. 移動指標到面板內可指定顯示對象為放大鏡或是直方圖

直方圖是什麼？

直方圖是中國大陸對於「色階圖」的另一種稱呼。Analog 的復古效果會大幅度的破壞照片色調與曝光，色階在這裡作用不大。

06 Color / Silver Efex Pro 全方位數位暗房特效濾鏡

2016/06/12, 09:43am Sony ILCE 7RM2 梅里達 古羅馬劇場
1/250 秒 f/8.0 ISO 100 海拔 231.20m Photo by 洪 懿德

Color Efex Pro
靈感創意最佳來源

面對照片不知道從何修起的時候，Color Efex Pro 會是最好的靈感來源，濾鏡效果超級多，總是為每一張照片找到最有趣的視角；現在就讓我們來看看 Color Efex Pro 的控制介面，與內部濾鏡效果的展現方式。

楊比比套用 Color Efex Pro 濾鏡的程序

1. 預設分類為「所有」；同學可以單響分類按鈕，以簡化濾鏡的數量。
2. 單響濾鏡後方的縮圖按鈕。
3. 濾鏡項目內的各項參數組合，以縮圖方式顯示出來。
4. 單響「往上」或是「往下」箭頭可以檢視另一組濾鏡效果。
5. 編輯區中顯示套用濾鏡效果的照片。
6. 透過右側面板控制濾鏡的各項參數與控制設定。
7. 單響「添加濾鏡」按鈕，能在目前的狀態下，再加上另一組濾鏡。

Color Efex Pro
最受歡迎的濾鏡

Color Efex Pro 濾鏡雖多，但在楊比比嚴苛的要求下，能受到寵愛的濾鏡數量有限；所以囉，楊比比得先拋開個人喜好，把 Color Efex Pro 中最受歡迎的濾鏡整理出來，同學可以先參考。一起來看看吧！

標示最愛濾鏡

1. 單響濾鏡前方「星形」記號；最愛沒有數量限制，可依據常用程度進行標示。
2. 單響「分類．喜愛」按鈕，能快速檢視最受喜愛的濾鏡類別。

最受攝影師喜愛的濾鏡

雙色濾鏡	對比度	詳細提取	漸變中灰鏡	反光板效果
印地安夏日	偏光鏡	淡對比度	天光鏡	色調對比

Color Efex Pro

美里達 羅馬劇場 1/400sec f8.0 ISO 100 攝影：洪 懿德

Color Efex Pro 就該這樣玩

每個程序都很重要。萬萬不可跳過

適用版本 Adobe Photoshop CC2015
參考範例 Example\06\Pic001.DNG

A> 開啟 DNG 格式

1. 啟動 Adobe Bridge
2. 開啟檔案資料夾 Example\06
3. 單響 Pic001.DNG
4. 在 Camera Raw 中開啟

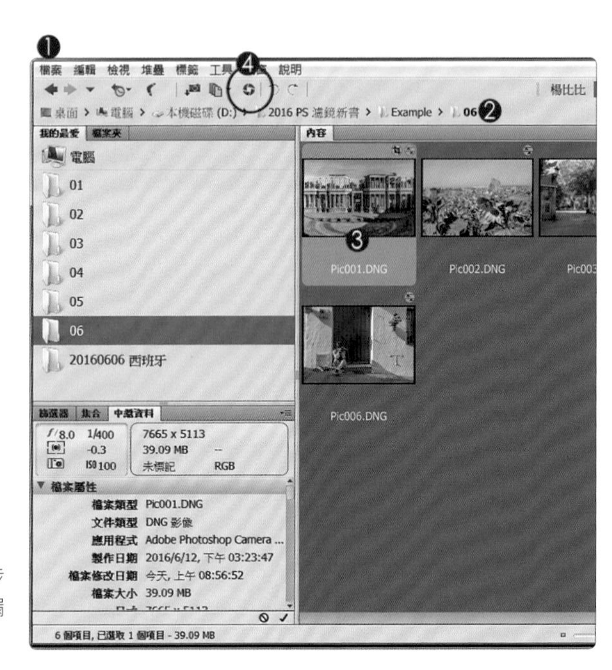

挺長的練習

這個範例很長，而且楊比比改變了一些步驟，提供大家一些新的想法，請同學不要漏掉任何步驟與程序，慢慢來，別急！

B> 裁切 16：9

1. 啟動 Camera Raw 程式
2. 按著「裁切工具」不放
3. 彈出選單後
   執行「9 比 16」
4. 拖曳調整裁切範圍
   按下「Enter」結束裁切

裁切範圍上的井字構圖線

記得啟動裁切工具選單中的「顯示覆蓋」(紅框)才能在裁切範圍顯示井字構圖線。

C> 調整影像尺寸

1. 照片尺寸很大
   單響標示影像尺寸的文字
2. 勾選「重新調整大小」
   符合「長邊」
3. 長邊為「1920」像素
4. 解析度「96」像素 / 英寸
5. 勾選「銳利化」
   模式為螢幕專用「濾色」
6. 使用智慧型物件方式開啟
7. 單響「確定」結束調整

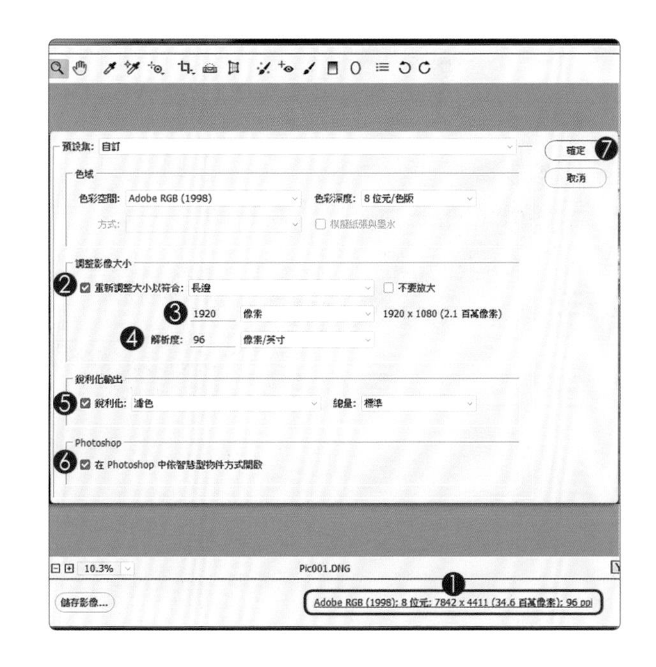

D> 準備進入 Photoshop

1. 調整後的影像尺寸
   解析度與輸出銳利化
2. 直接單響「開啟物件」

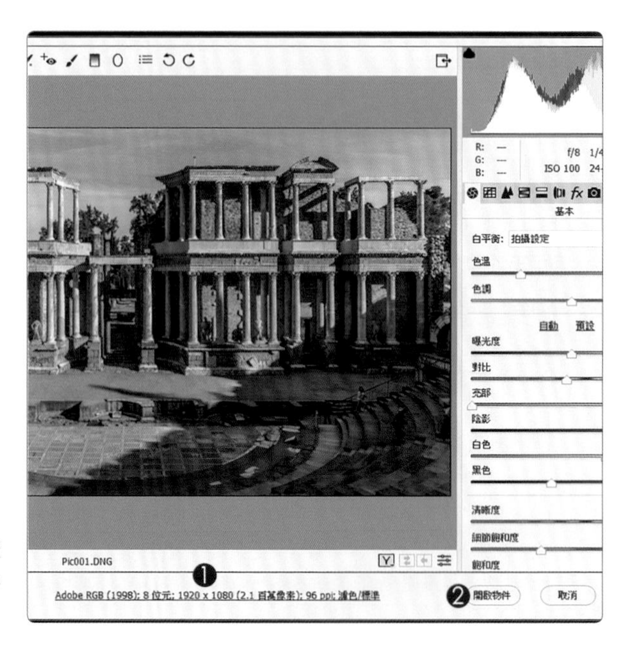

居然能在 Camera Raw 調整影像尺寸？

Camera Raw 下方的控制項稱為「工作流程選項」，當中的數據會被保留下來，除非進行修改，否則數值會一直沿用。

E> 啟動 Color Efex Pro 4

1. 進入 Photoshop
2. 檔案以智慧型物件顯示
3. 功能表「濾鏡」
4. 選取 Nik Collection 選單
5. 執行「Color Efex Pro 4」

注意接下來的程序

Color Efex Pro 是 Nik 系統中最為複雜的濾鏡組合，濾鏡使用的彈性及調整空間非常大，請務必配合以下程序，逐步操作。

F> 套用智慧型物件圖層

1. 顯示「注意」對話框
2. 可以勾選「不要再顯示」
3. 單響「確定」按鈕
4. 預設分類為「所有」
5. 所有濾鏡都顯示在視窗中

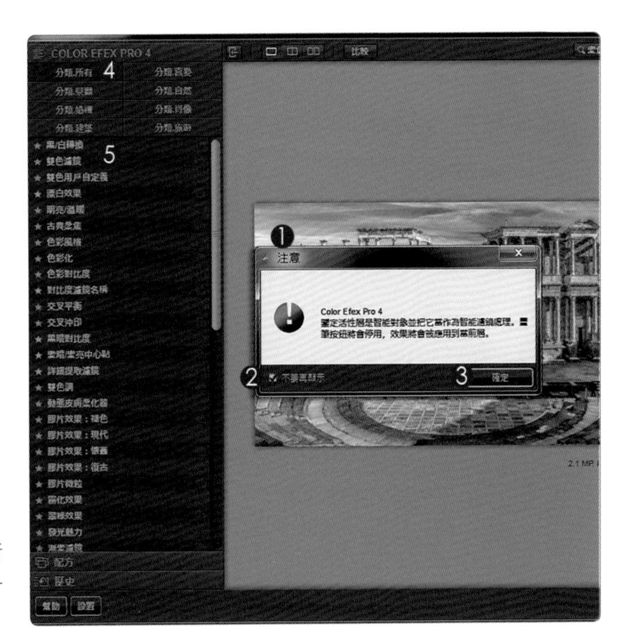

可以將智慧型物件改為一般圖層嗎？

智慧型圖層名稱上單響右鍵，由選單中執行「點陣化圖層」，就能將智慧型圖層改為一般圖層，Nik 濾鏡也就不會再出現「注意」。

G> 過濾分類

1. 單響「分類 · 建築」按鈕
2. 過濾為適合建築的濾鏡
3. 單響「詳細提取濾鏡」後方的圖示
4. 顯示詳細提取濾鏡各項配方縮圖

詳細提取濾鏡

要說受歡迎的濾鏡，詳細提取應該能排上前三名；它能展現出影像各部分細節，還是那種相當難拉出來的細節，非常厲害。

H> 關閉濾鏡整體套用

1. 收合左側面板
   擴大編輯區的空間
2. 詳細提取濾鏡面板中
3. 已經套用配方提供的參數
4. 展開「控制點」項目
5. 不透明度「0%」
   關閉濾鏡在照片中的作用

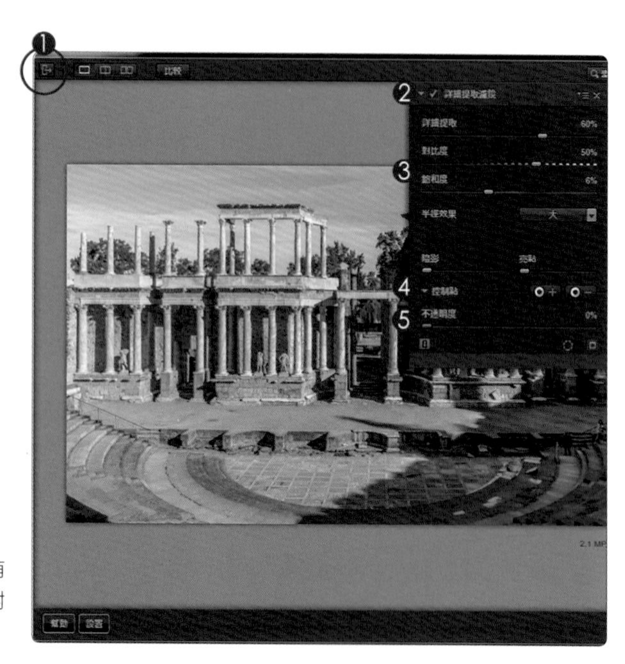

不需要整張照片都那麼「詳細」

整張照片都套用「詳細提取濾鏡」那就沒有重點、沒有主從之分了，所以先關閉濾鏡對整張照片作用，我們自己來指定範圍。

I > 新增控制點

1. 單響「○ +」按鈕
2. 單響羅馬劇場的舞台
3. 拖曳上方滑桿
   調整濾鏡作用範圍
4. 不透明度「100%」

控制點控制作用範圍與濾鏡強度

詳細提取濾鏡面板中的參數只會顯示在控制範圍中，以目前的情況來看，控制範圍內的「詳細提取」強度為「70%」；對比度「50%」；飽和度為「6%」。

J > 新增第二個控制範圍

1. 單響「○ +」按鈕
2. 單響右側羅馬劇場舞台
   詳細提取濾鏡參數
   立刻作用在此範圍內

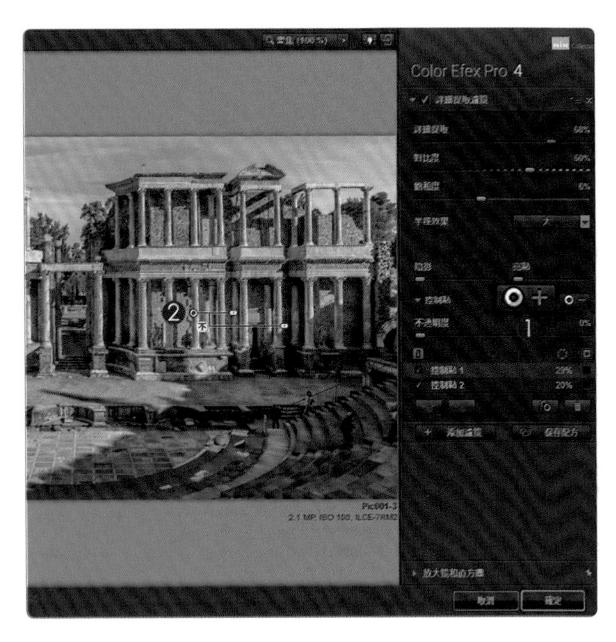

可以修改範圍內的參數嗎？

當然可以。試著修改「詳細提取濾鏡」面板內的詳細提取、對比度、飽和度，與「半徑效果」，便能改變控制範圍的影像。

K> 檢視控制點作用範圍

1. 單響控制點 1 與控制點 2
   後方的作用範圍勾選
2. 編輯區中顯示控制範圍

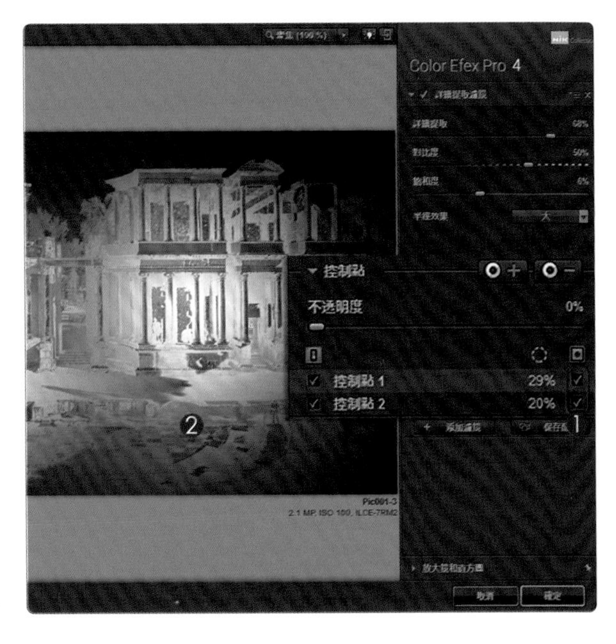

控制區自動淡出

由編輯區的明亮度可以看出，越接近控制點中心，濾鏡參數的作用力越強；控制範圍外側，遠離控制中心，參數控制的能力便減緩。

L> 檢視修改前後的差異

1. 取消勾選
   關閉控制範圍的顯示
2. 按著「比較」按鈕不放
   編輯區顯示照片的原始狀態
   放開「比較」按鈕
   則顯示套用濾鏡後的狀態

試試其他三組檢視控制按鈕

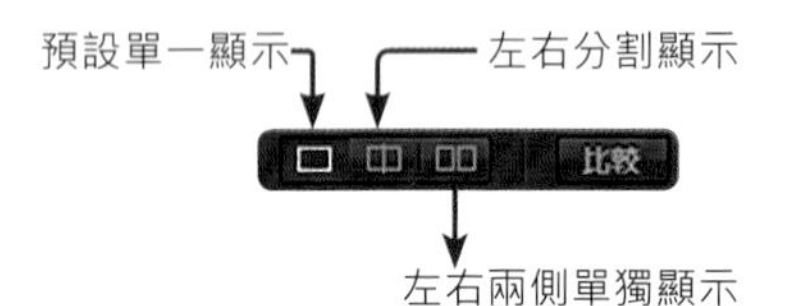

M> 濾鏡遮色片

1. Color Efex Pro 4
   智慧型濾鏡圖層
2. 單響「濾鏡遮色片」
3. 單響「筆刷工具」
4. 適度調整筆刷尺寸與硬度
5. 前景色「黑色」
6. 拖曳塗抹天空
   與下方座位區

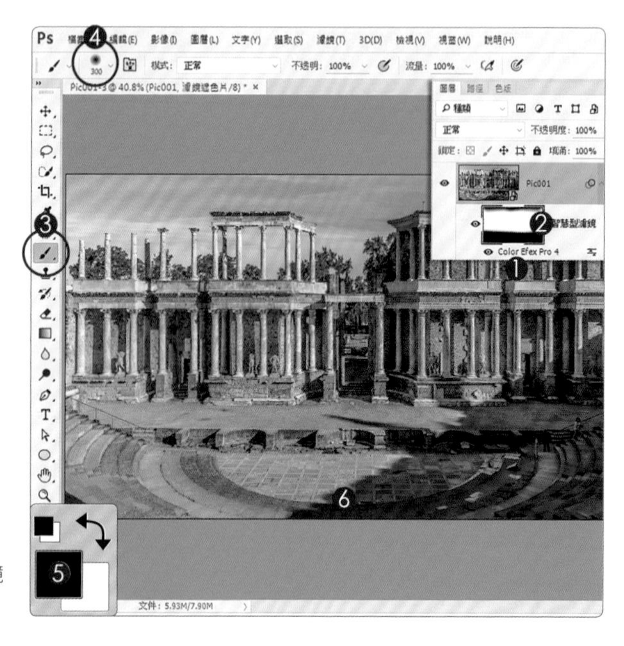

遮蓋了周圍的濾鏡效果之後，羅馬劇場的鏡框式舞台，顯得更為突出、更為立體。

N> 淡化遮色片

1. 雙響「濾鏡遮色片」
2. 立即彈出「內容」面板
3. 降低「濃度」為 80%

呼！總算玩過一輪囉！

這個範例我們使用了 Camera Raw 來進行「影像尺寸」的調整，還了解到 Color Efex Pro 濾鏡的局部控方式，呼！辛苦大家了！

O> 存為能記錄圖層的 TIF

1. 功能表「檔案」
2. 執行「另存新檔」
3. 存檔類型「TIFF」
4. 確認勾選「圖層」
5. 單響「存檔」
6. 影像壓縮「LZW」
7. 單響「確定」按鈕

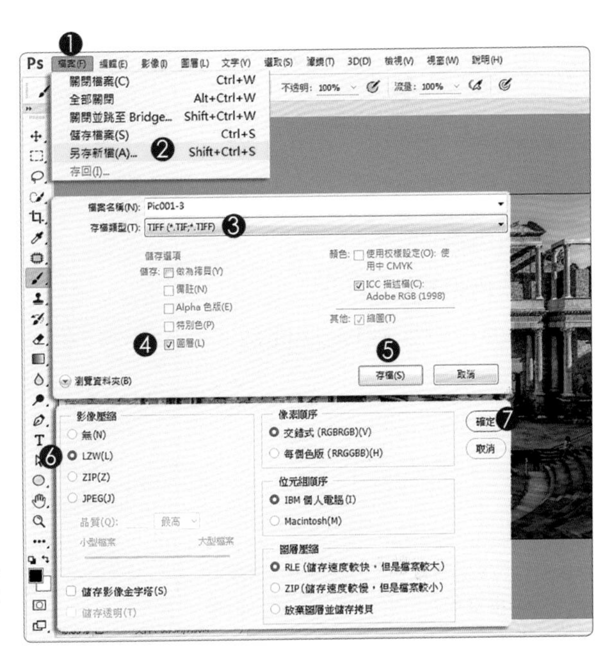

還能再堅持一下嗎？

接下來的練習跟這個範例有密切關係，楊比比請求同學繼續堅持，下一個練習結束後再休息，加油！我們玩「偏光鏡」喔！

Color Efex Pro

皇城 A-4 公路　1/320sec　f11　ISO 200　攝影：莊祐嘉

可調式
環形偏光鏡

本範例為連續性練習。請與前範例配合。

適用版本　Adobe Photoshop CC2015
參考範例　Example\06\Pic002.DNG

A > 開啟 DNG 格式

1. 啟動 Adobe Bridge
2. 開啟檔案資料夾 Example\06
3. 單響 Pic002.DNG
4. 在 Camera Raw 中開啟

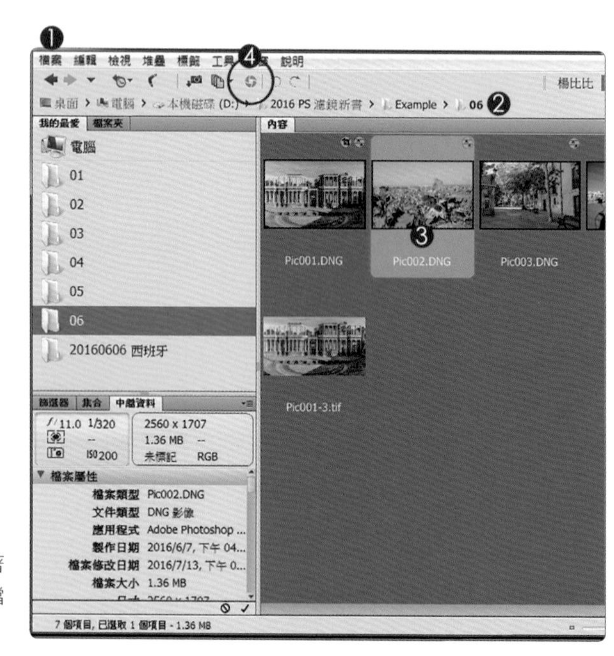

準備囉

檔案開啟已經是相當熟悉的程序，但緊接著進入 Camera Raw，請同學注意下方的檔案尺寸與解析度，一起來看看吧！

B> 相同的影像尺寸

1. 與前一個檔案相同的
   影像寬度與解析度
   單響視窗下方的設定值
2. 取消「重新調整大小」
3. 取消「銳利化」
4. 留著智慧型物件開啟
5. 單響「確定」按鈕

Camera Raw 會沿用設定

Camera Raw 下方這串設定，稱為「工作流程」，這些設定保留下來，所有開啟在 Camera Raw 的檔案都會套用。

C> 結束 Camera Raw

1. 顯示照片原始尺寸與解析度
2. 沒有關閉智慧型物件
   可以直接單響「開啟物件」

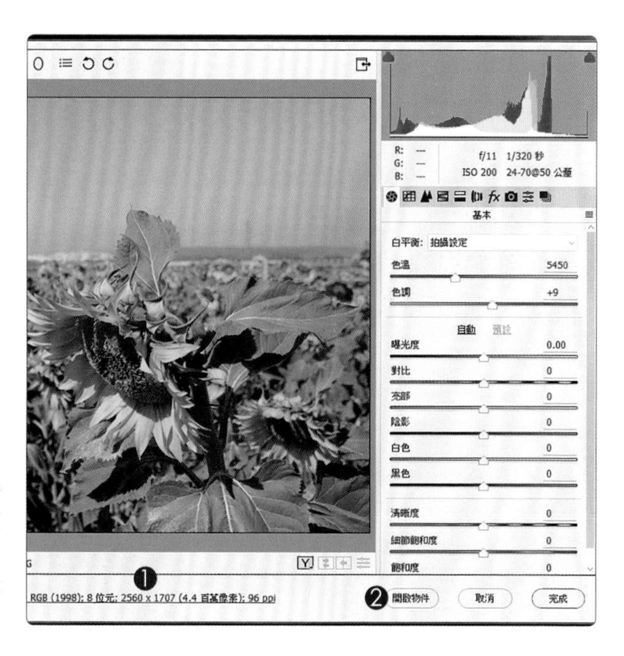

用哪一套程式來調整影像尺寸？

Camera Raw 與 Photoshop 都能調整影像尺寸，但 Camera Raw 會保留調整的數據，套用在其他檔案中；Photoshop 則是獨立控制，同學可得自己想想，哪一種方式最適合自己的調整習慣。

D> 啟動 Color Efex Pro 4

1. 進入 Photoshop
2. 檔案以智慧型物件顯示
3. 功能表「濾鏡」
4. 選取 Nik Collection 選單
5. 執行「Color Efex Pro 4」

楊比比覺得哪種調整尺寸的方式好？

Photoshop 可以獨立控制影像尺寸，這似乎比較乾脆點，不會莫名其妙、糊裡糊塗的就套用了某一組數據，推薦 Photoshop。

E> 自然類別濾鏡

1. 單響「分類．自然」
2. 顯示與自然相關的濾鏡類別
3. 單響「偏光鏡」後方縮圖
4. 顯示偏光鏡配方縮圖

分類只是建議。不是絕對

沒有列在「自然」分類中的濾鏡，不代表不能使用在「自然」類別的攝影作品中；濾鏡分類，只是 Color Efex Pro 提供的建議，同學還是可以到「所有」類別中，尋找合適濾鏡，這些分類，當作參考就好。

F> 轉動偏光鏡

1. 單響「02- 中等」縮圖
2. 提高偏光強度「150%」
3. 拖曳「旋轉」滑桿
4. 同時觀察藍天狀態
   只要天空變藍就停止拖曳

類似於環形偏光鏡的調整手法

偏光鏡最重要的是「旋轉」參數，旋轉範圍在「0 - 180」之間，沒有特定數值，調整時必須觀察照片藍天狀態，以控制旋轉角度。

G> 控制過曝區域

1. 拖曳「亮點」滑桿
   數值約「82%」
2. 觀察向日葵的花瓣
   不再那麼亮
3. 單響「確定」結束濾鏡

玩了一個很棒的偏光鏡

又了解了 Camera Raw 中調整影像尺寸與解析度的邏輯，今天吸收的量夠多了，請同學休息一下，楊比比也得去切水果、準備晚餐了，今天吃雪菜毛豆，還有冬瓜蛤蜊湯。

Color Efex Pro 建立局部控制範圍

我們都知道，直接套用濾鏡不夠帥，專業攝影師得會控制濾鏡作用範圍、調整遮色片、變更混合方式與混合強度；所以囉，除了了解 Color Efex Pro 有哪些好玩、好用的濾鏡之外，靈活使用控制點，也是我們的學習重點。

關閉濾鏡整體套用的模式

1. 展開「控制點」選項
2. 降低「不透明度」數值

「不透明度」數值越低，目前濾鏡對於整張照片的作用程度就越低。當「不透明度」數值為「0」時，則濾鏡對照片沒有任何作用。

增加濾鏡局部控制的範圍

1. 單響「○ +」按鈕
2. 單響編輯區新增控制點
3. 拖曳調整控制範圍
4. 不透明度「100%」

複製控制點 / 刪除控制點

1. 單響「複製控制點」按鈕
2. 複製出相同範圍的控制點
   拖曳控制點改變濾鏡作用位置
3. 單響「垃圾桶」按鈕
   刪除目前的控制點

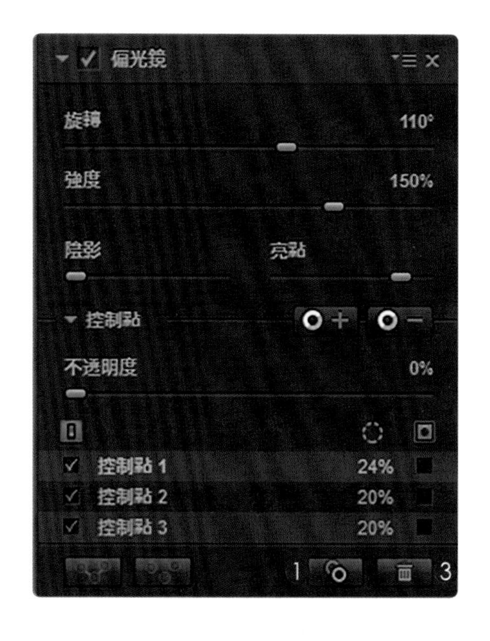

多個控制點結合成群組

1. 編輯區中拖曳指標選取控制點
2. 單響「結合成群組」按鈕
3. 三個控制點結合成群組
4. 若是要解散請單響「取消群組」

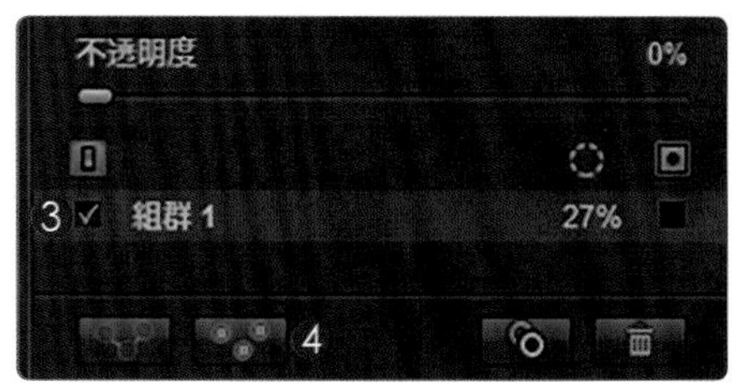

Color Efex Pro

薩拉曼卡 1/25sec f11 ISO 200 攝影：莊祐嘉

印地安
夏日濾鏡

適用版本 Adobe Photoshop CC2015
參考範例 Example\06\Pic003.DNG

啟動印地安夏日濾鏡

1. 功能表「濾鏡」
   Nik Collection 選單
   執行「Color Efex Pro 4」
2. 單響「分類 · 景觀」按鈕
3. 單響「**印地安夏日**」
   後方縮圖
4. 顯示印地安夏日配方縮圖
   單響 02 - 強烈紅色
5. 單響「返回」按鈕
   可以返回濾鏡選單
6. 單響箭頭能檢視下一組濾鏡

印地安夏日濾鏡能將照片中的綠色更換為「紅、黃」色；同學可以找一些含有樹木或是草地的照片進行練習，顏色越鮮亮翠綠，變更起來效果越明顯。

印地安夏日濾鏡參數

方式	選單提供四種更換綠色樹葉的色調。
加強翠綠效果	範圍在 0% - 100% 之間。數值越大，照片中綠色樹葉或是草地，顏色變化越明顯（越接近方式中所選的顏色）。

原圖
Example\06\Pic003.DNG

方式：2
加強翠綠效果：50%

方式：3
加強翠綠效果：50%

Color Efex Pro

梅里達 古羅馬劇場　1/1600sec　f5.6　ISO 100　攝影：楊比比

全數位
陽光濾鏡

適用版本　Adobe Photoshop CC2015
參考範例　Example\06\Pic004.DNG

啟動陽光濾鏡

1. 功能表「濾鏡」
   Nik Collection 選單
   執行「Color Efex Pro 4」
2. 單響「分類 · 景觀」按鈕
3. 單響「**陽光**」後方縮圖
4. 顯示陽光濾鏡配方縮圖
   單響 02 - 明亮對比
5. 單響「返回」按鈕
   可以返回濾鏡選單
6. 單響箭頭能檢視下一組濾鏡

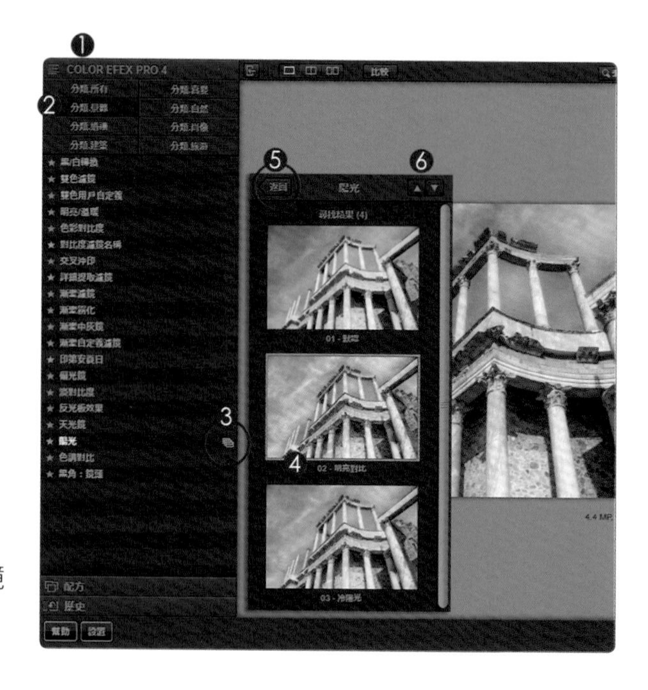

陽光濾鏡参數

光的強度	範圍值 0% - 100%。數值越大，投入陰暗處的光線就越多。
光　　溫	範圍值 5100K - 7700K。K 數越大，色溫越偏冷。
亮　　度	範圍值「-100」到「+100」。控制濾鏡的作用的明亮感。
對 比 度	範圍值 0% - 100%。控制濾鏡作用下光線營造的對比強度。
飽 和 度	範圍「-40」到「+30」之間。光線投射下照片的色彩濃度。

原圖
Example\06\Pic004.DNG

光的強度：90　色溫：5310
亮度：-30　對比度：90

光的強度：20　色溫：6000
亮度：0　對比度：75

米哈斯 遊艇碼頭 1/2000sec f5.0 ISO 80 攝影：楊比比

可調式
漸變中灰鏡

適用版本　Adobe Photoshop CC2015
參考範例　Example\06\Pic005.DNG

啟動漸變中灰鏡

1. 功能表「濾鏡」
   Nik Collection 選單
   執行「Color Efex Pro 4」
2. 單響「分類 · 景觀」按鈕
3. 單響「**漸變中灰鏡**」
   濾鏡後方小縮圖
4. 顯示漸變中灰鏡配方縮圖
5. 單響「返回」按鈕
   可以返回濾鏡選單
6. 單響箭頭能檢視下一組濾鏡

漸變中灰鏡參數

參數	說明
上調性	範圍值「-100」到「+100」之間。控制濾鏡上半部的亮度。
下調性	範圍值「-100」到「+100」之間。控制濾鏡下半部的亮度。
混合	範圍值 0% - 100% 之間。控制上下接合處與影像的混合程度。
垂直位移	範圍值 0% - 100%。控制中灰鏡上下移動的狀態。
旋轉	範圍 0° - 360°之間。控制中灰鏡轉動的角度，預設為 180°。

原圖
Example\06\Pic005.DNG

上調性：-60　上調性：0
混合：25　垂直位移：50

上調性：-24　上調性：30
混合：50　垂直位移：50

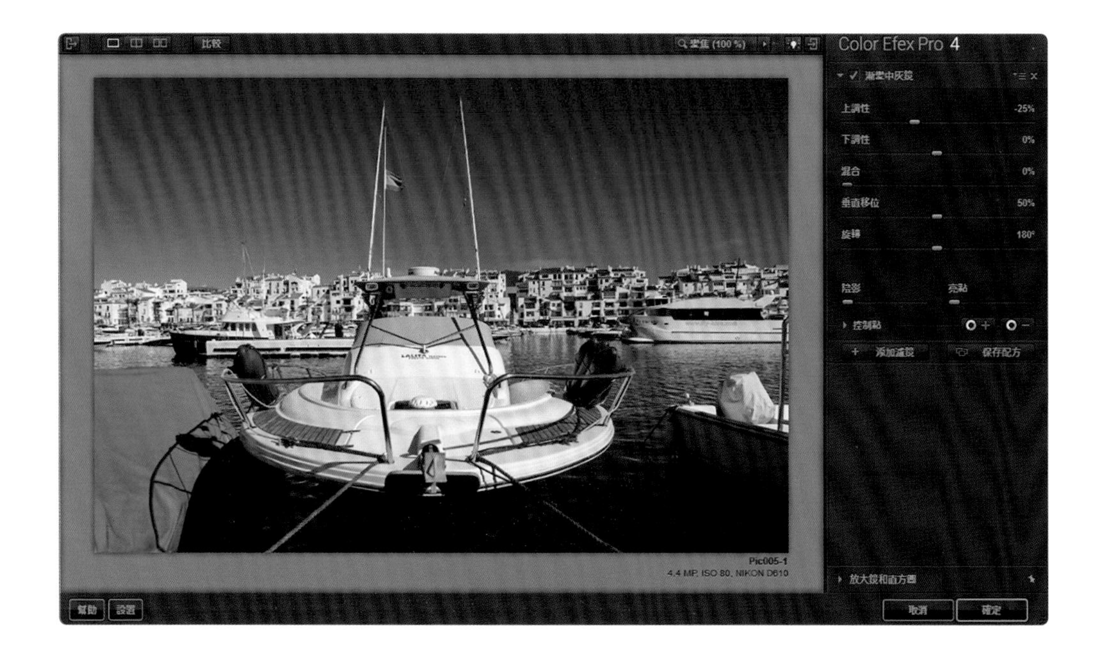

Color Efex Pro

米哈斯 遊艇碼頭 1/800sec f5.6 ISO 80 攝影：楊比比

推薦
反光板效果

適用版本 Adobe Photoshop CC2015
參考範例 Example\06\Pic006.DNG

啟動反光板效果

1. 功能表「濾鏡」
   Nik Collection 選單
   執行「Color Efex Pro 4」
2. 單響「分類 · 景觀」按鈕
3. 單響「**反光板效果**」
   濾鏡後方小縮圖
4. 顯示反光板效果配方縮圖
5. 單響「返回」按鈕
   可以返回濾鏡選單
6. 單響箭頭能檢視下一組濾鏡

漸變中灰鏡參數

方　　式	共有「金色」、「柔和金色」、「銀色」三種反光板可供選擇。
光的強度	範圍值 0% - 100% 之間。控制反光板，反光的強度。
光 衰 減	範圍值 0% - 100% 之間。調整反光板漸層淡化的程度。
位　　置	範圍值 0% - 100%。控制反光板光源反射的高度。
光源方向	範圍 0° - 360°之間。調整反光板光線投射的角度。

原圖
Example\06\Pic006.DNG

方式：柔和金色
改善前景色調。背景影響不大

方式：銀色
使用銀色反光板打亮照片陰影

Color Efex Pro

哥多華 古羅馬橋 3sec f9 ISO 100 攝影：洪 懿德

風景攝影必備 雙色漸變鏡

適用版本 Adobe Photoshop CC2015
參考範例 Example\06\Pic007.DNG

啟動雙色濾鏡

1. 功能表「濾鏡」
   Nik Collection 選單
   執行「Color Efex Pro 4」
2. 單響「分類 · 景觀」按鈕
3. 單響「**雙色濾鏡**」
   或單響「**漸變濾鏡**」
   濾鏡後方小縮圖
4. 顯示雙色濾鏡配方縮圖
5. 單響「返回」按鈕
   可以返回濾鏡選單
6. 單響箭頭能檢視下一組濾鏡

雙色 / 漸變濾鏡參數

顏色組合	雙色濾鏡與件變濾鏡，選單內各配備 20 套色彩組和。
不透明度	範圍值 0% - 100% 之間。漸層色調顏色強烈的程度。
混　　合	範圍值 0% - 100% 之間。漸層色調與照片混合的程度。
垂直位移	範圍值 0% - 100%。控制顏色套用在照片中的位置。
旋　　轉	範圍 0° - 360°之間。調整雙色 / 漸層濾鏡旋轉的角度。

原圖
Example\06\Pic007.DNG

使用：雙色濾鏡
顏色組合：棕色 (1)

使用：漸變濾鏡
顏色組合：藍色 (1)

Color Efex Pro

米哈斯 白色山城　1/400sec　f5.6　ISO 80　攝影：楊 比比

熱情先決
多重濾鏡組合

重點範例。請勿跳過。

適用版本　Adobe Photoshop CC2015
參考範例　Example\06\Pic008.DNG

A > 開啟 DNG 格式

1. 啟動 Adobe Bridge
2. 開啟檔案資料夾
   Example\06
3. 單響 Pic008.DNG
4. 在 Camera Raw 中開啟

進階版的濾鏡套用

接下來我們將透過濾鏡改善照片的曝光、色偏、增加細節與立體感，並加入邊框，共計三套濾鏡，要加油喔！

B> 進入 Camera Raw

1. 顯示 Camera Raw
2. 單響工作流程選項
3. 勾選在「Photoshop 中依智慧型物件方式開啟」
4. 單響「確定」按鈕
5. 單響「開啟物件」按鈕

需要「開啟影像」怎麼辦？

試著按下 Shift 按鍵不放，「開啟物件」按鈕即會顯示為「開啟影像」，還是很方便的。

C> 控制影像尺寸

1. 進入 Photoshop 顯示智慧型物件圖層
2. 功能表「影像」
3. 執行「影像尺寸」
4. 採用 Facebook 常用的解析度「96」像素 / 英吋
5. 單位「像素」
6. 寬度「1520」或是其他同學習慣的尺寸
7. 單響「確定」按鈕

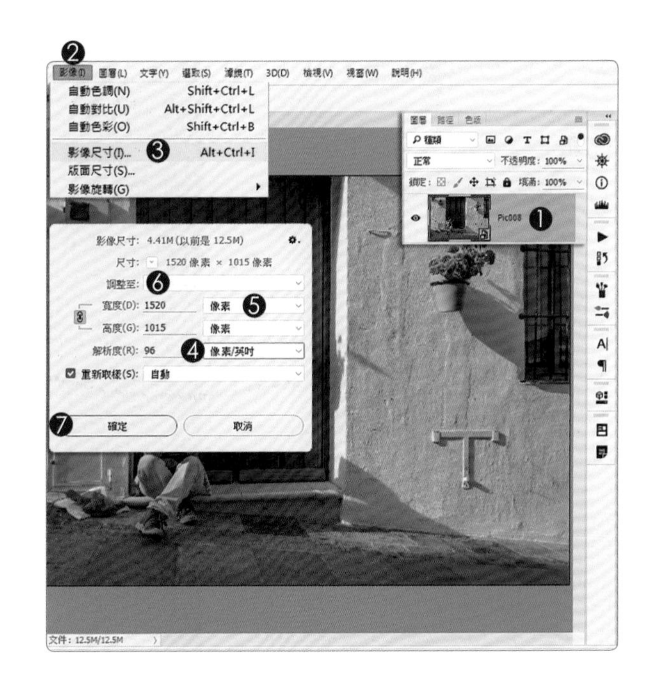

D> 啟動 Color Efex Pro 4

1. 功能表「濾鏡」
2. 選取 Nik Collection 選單
3. 執行「Color Efex Pro 4」

來複習幾款 Nik 濾鏡

Analog Efex Pro 玩復古濾鏡效果
Color Efex Pro 包山包海綜合類型的濾鏡
Silver Efex Pro 專業黑白濾鏡（推薦）

E> 智慧型物件圖層

1. 啟動 Color Efex Pro
2. 顯示「注意」對話框
3. 請單響「確定」按鈕

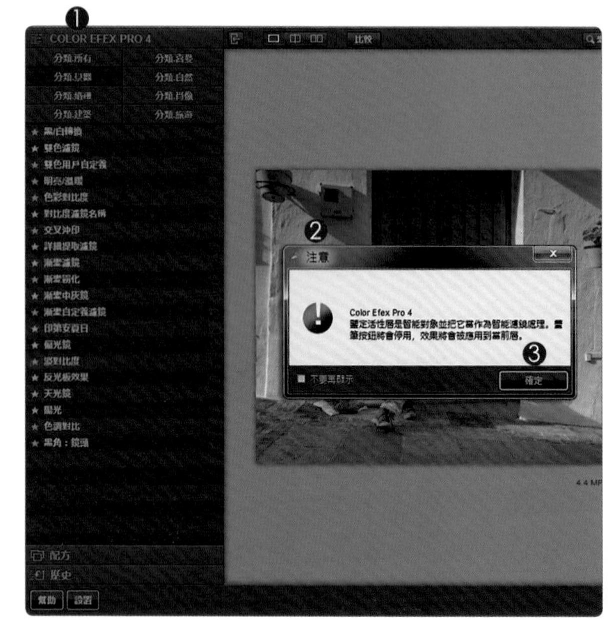

注意對話框提醒我們目前的作用圖層為「智慧型物件圖層」無法使用 Nik 內建的「筆刷工具」必須使用濾鏡遮色片來進行作用範圍的控制。已經熟悉這個程序的同學，可以勾選「不要再顯示」，免得對話框反覆出現。

F> 啟動淡對比度

1. 單響「分類 · 景觀」
2. 單響「淡對比度」後方縮圖
3. 顯示淡對比度濾鏡配方縮圖

淡對比度濾鏡

有很厲害的細節控制能力，並且能校正照片的色偏、平衡色階，調整適合照片的曝光。

G> 校正色偏

1. 淡對比度項目中
   單響「03- 動態對比度」
2. 校正色板「20%」
3. 校正編輯區照片的白平衡

淡對比度參數控制

校正色板：拖曳滑桿校正照片中明顯的色偏。
校正對比度：以光線強弱控制照片對比。
動態對比度：以色調控制照片對比(較細膩)。

H> 加入第二組濾鏡

1. 單響「+ 添加濾鏡」
2. 單響「返回」按鈕
3. 回到原來的分類選單內

該怎麼選擇適合的濾鏡？

答案是：練習、練習、再練習，真的沒有更好的方法了；必須先熟悉濾鏡的用法，才能找到最適合或是最喜歡的濾鏡。

I > 開啟漂白效果濾鏡

1. 單響「分類 · 肖像」
2. 顯示與肖像相關的濾鏡類別
3. 單響「漂白效果」後方縮圖
4. 顯示漂白效果配方縮圖

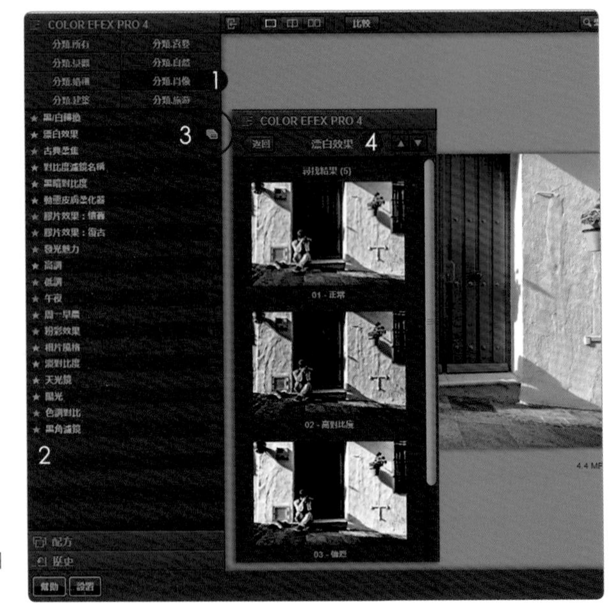

漂白效果濾鏡

提高影像細節與立體感，並能校正色偏增加影像亮度；非常適合使用在雪景的照片中。

J > 關閉整體效果

1. 單響「02- 高對比」縮圖
2. 展開「控制點」項目
3. 不透明度「0%」
4. 編輯區照片沒有套用效果

Color Efex Pro 4 都能控制整體效果

進行局部控制之前，建議同學先透過「控制點」項目，關閉或是降低「不透明度」，再進行濾鏡的局部調整。

K> 建立局部控制點

1. 單響面板上「○ +」按鈕
2. 單響編輯區建立控制點
   拖曳上方控制鍵
   調整圓形控制範圍
   拖曳下方不透明度滑桿
   控制濾鏡作用強度

局部控制濾鏡作用範圍

局部控制能透過環形區域，調整濾鏡的作用範圍，並使用「不透明度」指定該部分區域濾鏡作用的強度。

L> 增加第三組濾鏡

1. 單響「添加濾鏡」按鈕
2. 單響「返回」按鈕
3. 回到分類選單中
   請單響「分類 · 旅遊」
4. 單響「圖像邊框」後方縮圖

圖像邊框濾鏡

內建 15 組黑白色調基本類型的邊框，還能搭配參數進行邊框細節上的變化。

M> 套用圖像邊框濾鏡

1. 圖像邊框配方縮圖中
   單響「02 - 種類 5」
2. 邊框套用在編輯區中
3. 拖曳「大小」滑桿
   調整邊框寬度
4. 單響「變化邊框」按鈕
   隨機控制邊框外側細節

簡單的邊框最適合照片

這些內容簡單的邊框更能突顯照片內容、展現照片主題風采，簡單中透著不簡單呀！

N> 記錄濾鏡配方

1. 單響「保存配方」按鈕
2. 輸入配方名稱
3. 單響「確定」按鈕
4. 左側「配方」面板中
   新增我們保留的配方

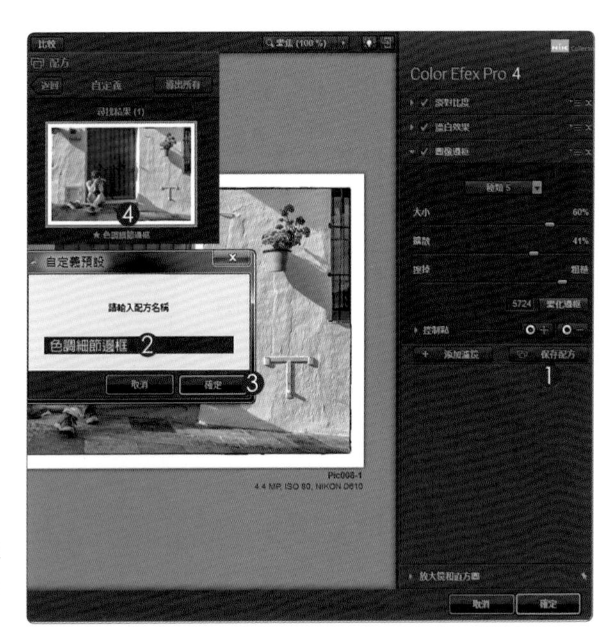

保存三組濾鏡設定

「保存配方」能將右側面板中所有的濾鏡組合(包含參數)全數記錄下來，放置在「配方」面板中，方便我們重複運用。

O> 自定義濾鏡管理

1. 指標移動到自定義濾鏡縮圖
2. 單響「X」移除濾鏡組合
3. 單響「↗」匯出濾鏡組合
4. 單響「↻」套用濾鏡
5. 單響「確定」結束濾鏡

Color Efex Pro 濾鏡好多喔

對呀！所以楊比比在接下來的兩頁中整理了一些常用的濾鏡（還做了分類），雖然有些個人偏好在裡面，但同學還是可以參考。

Color Efex Pro
這些濾鏡最好玩

Color Efex Pro 濾鏡實在很多，逐一過濾、測試太費工夫，為了節省同學們的時間，楊比比依據攝影需求將濾鏡做了些特定的分類，還加個人喜好（哈哈！是喜好，不是偏見喔）推薦同學以下的濾鏡，來看看吧！

自動修片濾鏡
淡對比度（白平衡校正與對比度）

模擬鏡頭常用的濾鏡	
陽光	偏光鏡
漸變濾鏡	漸變中灰鏡

增加細節與立體感	
漂白效果（適合雪景）	黑暗對比度（強化暗部細節）
詳細提取濾鏡（最強烈）	動態皮膚柔化器（非常細膩）

適合用於人像的濾鏡	
高調	動態皮膚柔化器
膠片效果：褪色	周一早晨

模擬紅外線攝影	
印地安夏日	紅外線膠片

特殊效果濾鏡	
圖像邊框	寶麗來移印（加上相紙的紋理）
膠片效果：現代（多款傳統底片）	反光板（提供金銀兩色反光色調）

別忘了標示最喜愛的濾鏡

為了集中火力編輯照片，請將楊比比推薦的濾鏡加入「最愛」類別，編輯照片時就不用花時間從一堆濾鏡中挖出需要的項目。以下為指定喜愛濾鏡的程序。

1. 單響「☆」記號
   指定為喜愛類別
2. 單響「分類．喜愛」
   顯示所有標記的濾鏡
3. 單響「★」記號
   將濾鏡移出喜愛類別

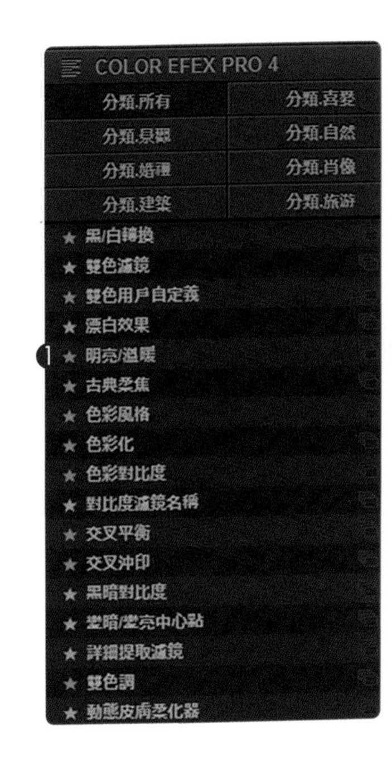

Silver Efex Pro 2
黑白光影魅力大師

很多極專業的攝影師，對於黑白影像情有獨鍾，攝影師們相信，照片抽離色彩之後，能有更極至的光影、更強烈的故事性；Google Nik 系統中能表現黑白影像完美細節與層次的濾鏡，別無選擇，就是 Silver Efex Pro。

絕佳的黑白配方

Silver Efex Pro 預設資料庫中，提供 38 組幾乎能涵蓋所有黑白影像的標準配方；建議同學們不需切換類別，直接使用「預設資料庫」內「所有（38）」，逐一檢視選單內的各項特效，就能由預設的配方中，獲得極大的驚喜。

五項獨門控制面板

調整所有	黑白模式下，進行亮度、對比度，與細節強度的基本控制。
選擇性調整	增加「控制點」，針對局部影像區域的明暗與細節控制。
彩色濾鏡	在黑白影像中運用不同的色光，以展現更多的細節與層次。

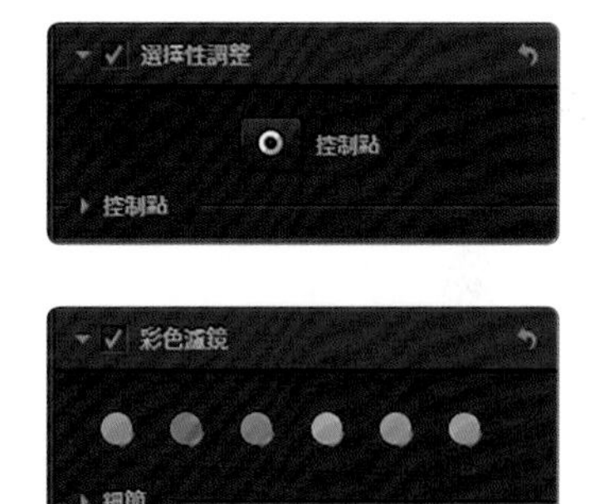

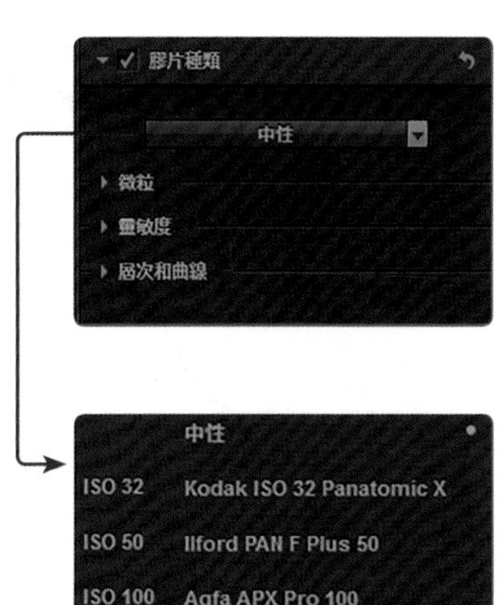

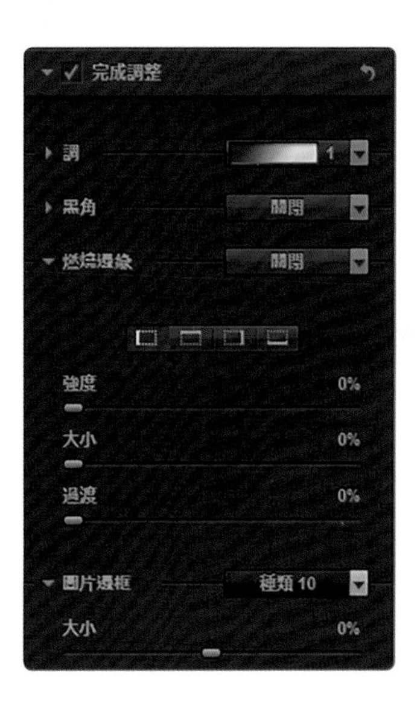

膠片種類	挑選不同 ISO、與廠牌的底片，藉以改變黑白影像的風格。
完成調整	黑白影像中加入四周暗角、裂化邊緣、或選擇適合的邊框。

Silver Efex Pro

梅里達 古羅馬劇場 1/640sec f5.6 ISO 100 攝影：楊比比

施展黑白灰 專屬的層次魔力

適用版本 Adobe Photoshop CC2015
參考範例 Example\06\Pic009.DNG

A > Silver Efex Pro 2

1. 進入 Photoshop
2. 檔案以智慧型物件顯示
3. 功能表「濾鏡」
4. 選取 Nik Collection 選單
5. 執行「Silver Efex Pro 2」

不同層次的灰色堆疊成為黑白照片

Silver Efex Pro 以不同濃淡的灰色階層組合出有別於彩色照片的層次，而這種褪去顏色的犀利感受，正是黑白照片迷人之處。

B> 智慧型物件圖層

1. 啟動 Color Efex Pro
2. 顯示「注意」對話框
3. 請單響「確定」按鈕

Google Nik 每一組濾鏡都是獨立的

即便關閉了 Nik 系列中其他濾鏡智慧型物件圖層的「注意」對話框，換一套濾鏡，還是得重來一次，記得勾選「不要再顯示」。

C> 檢視所有配方

1. 單響「所有 (38)」
2. 單響「015 完全動態」
3. 顯示五組控制面板
4. 單響箭頭記號收起面板

取消面板參數

同學可以單響面板名稱前方的勾選 (小紅圈)，暫時關閉面板在照片上的作用。

D> 控制照片的亮度與對比

1. 降低影像整體亮度
   數值約為「-18%」
2. 提高對比度「35%」
3. 增加影像細節強度「40%」

展開亮部參數

單響「亮度」前方箭頭記號，能展開「亮度」項目，在影像亮部區域進行更細膩的曝光設定。

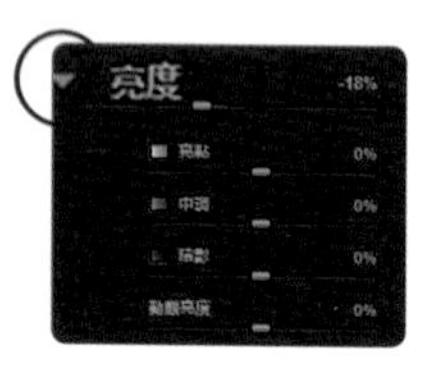

E> 調性保護

1. 向左拖曳「陰影」滑桿
   增加暗部畫素的灰階濃度
2. 向左拖曳「亮部」滑桿
   提高亮部畫素的灰階明亮感

反覆拖曳滑桿就能看出差異

黑白影像中最需要控制的就是灰階色調的濃度，因此同學必須試著將滑桿左右滑動，以最大值、最小值，來檢驗參數之間的差異性。

F> 局部控制

1. 單響箭頭記號展開
   選擇性調整面板
2. 單響「○」按鈕
3. 單響編輯區增加控制點
4. 拖曳中心滑桿調整圓形範圍
5. 拖曳第二根滑桿調整亮度

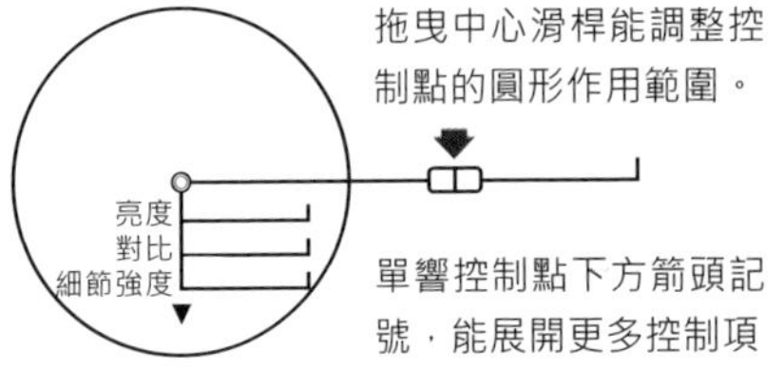

拖曳中心滑桿能調整控制點的圓形作用範圍。

單響控制點下方箭頭記號，能展開更多控制項

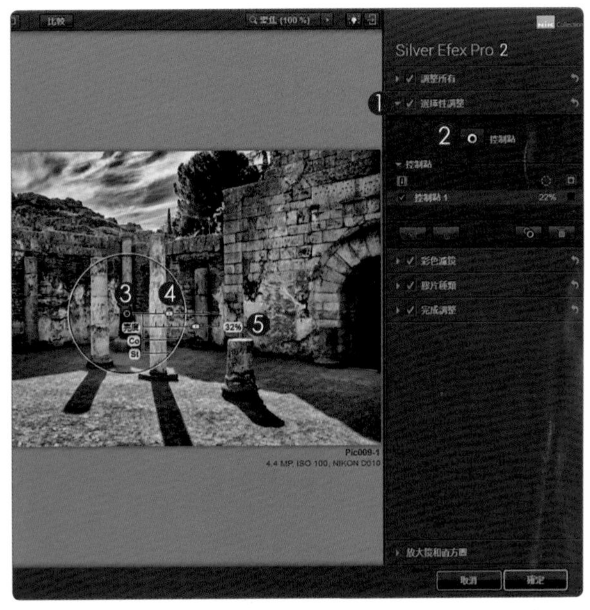

G> 四周加上暗角

1. 展開「完成調整」面板
2. 展開「黑角」項目
3. 選取「黑框 2」
4. 暗角加在照片的四周
5. 單響「確定」結束濾鏡

黑角參數控制

數量：負值為暗角；正值為白邊。
圓圈 / 長方形：依據滑桿位置控制邊緣形狀。
大小：控制顯示範圍，數值越大涵蓋範圍越大。

Silver Efex Pro

梅里達 古羅馬節 1/640sec f5.6 ISO 200 攝影：楊 比比

感受黑白底片顆粒與立體感

適用版本 Adobe Photoshop CC2015
參考範例 Example\06\Pic010.DNG

A > Silver Efex Pro 2

1. 進入 Photoshop
2. 檔案以智慧型物件顯示
3. 功能表「濾鏡」
4. 選取 Nik Collection 選單
5. 執行「Silver Efex Pro 2」

酷極了的黑白底片

黑白照片除了迷人的層次與強烈的故事性之外，能以後製取代沖洗，也是樂趣之一，現在讓我們來看看，有哪些經典的黑白底片。

B> 使用經典類別

1. 單響「經典 (15) 」
2. 單響「☆ 006 高細節強度」
3. 展開「膠片種類」
4. 預設膠片類型為「中性」

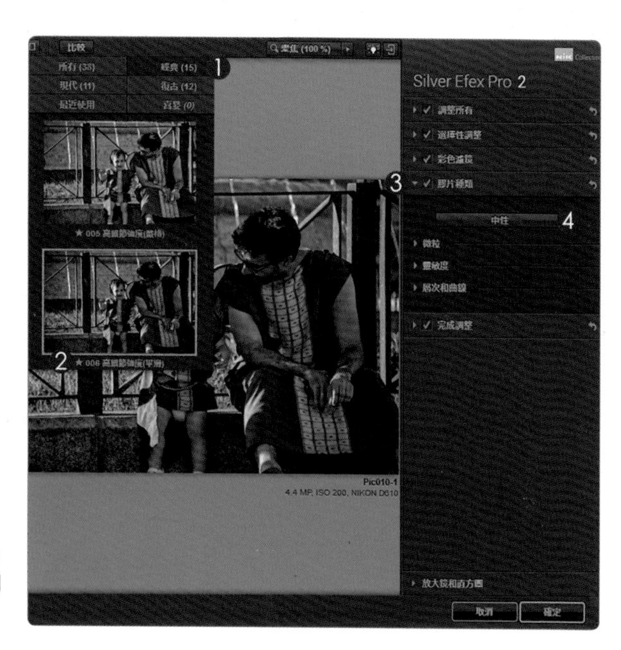

試著展開所有參數項目

單響「膠片種類」面板中「微粒」、「靈敏度」與「層次和曲線」前方的三角形記號，展開參數，看看還有哪些細項控制。

C> 變更膠片類型

1. 變更黑白膠片 (底片) Kodak 100 TMAX Pro
2. 展開「微粒」
3. 沒像素的微粒「395」
4. 微粒偏「柔和」

沒像素的微粒

參數範圍在「1 - 500」之間，數值越大，畫面上的顆粒感不明顯，照片顯得比較細緻。

D> 靈敏度

1. 展開「靈敏度」
2. 紅色「75%」
3. 藍色「-17」

運用照片原始色彩重新分配灰階層次

靈敏度數值內包含 RGB 與 CMY 六組基本顏色，範圍值都在「-100」到「100」之間，負值灰階偏淺亮，正值灰階偏深暗。

靈敏度可以使用照片的原始色彩，進行灰階濃淡度調整；小朋友的膚色偏紅黃，因此拖曳紅色或黃色滑桿，則會影響膚色的深淺。

E> 照片色調

1. 展開「完成調整」面板
2. 單響「調」選單
3. 挑選喜歡的漸層單色調

展開「調」項目能控制調性細部顏色

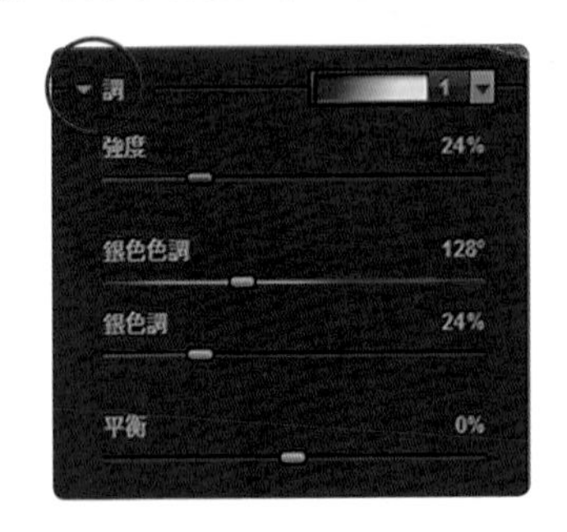

F> 加入邊框

1. 展開「圖片邊框」
2. 邊框「種類 11」
3. 邊框大小「100%」
4. 擴散「-100%」
5. 單響「變化邊框」按鈕
   隨機調整邊框外側細節

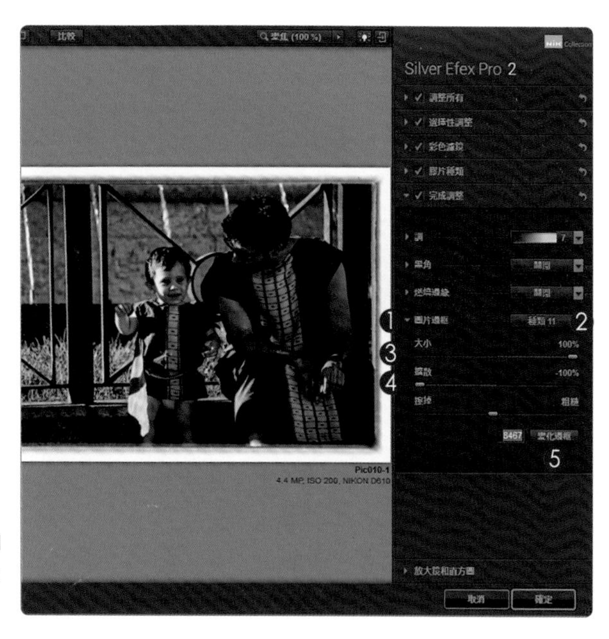

變化邊框不能使用？

邊框「種類 13」與「種類 14」是純黑與純白的邊框類型，不提供「擴散」、「擦掉 / 粗糙」與「變化邊框」三項控制。

G> 燃燒邊緣

1. 展開「燃燒邊緣」項目
2. 狀態「所有邊緣 (柔和 1) 」
3. 控制「左側」邊緣
4. 邊緣強度「8%」
5. 邊緣大小「29%」
6. 過渡「0%」
7. 單響「確定」結束濾鏡

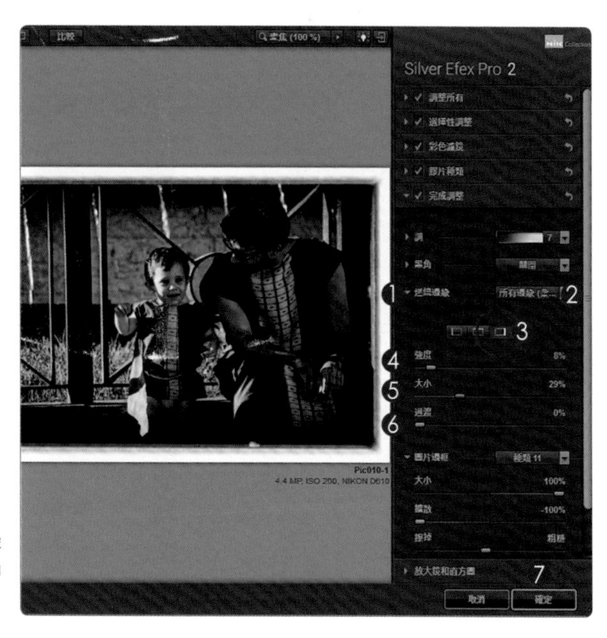

過渡

範圍值「0 - 100」之間，數值越大，燃燒邊緣的漸層範圍 (也可以說是淡化區域) 延伸的面積就越大，燃燒邊緣的效果會比較平順。

Silver Efex Pro

馬德里巴拉哈斯機場 1/60sec f2.4 ISO 64 攝影：楊比比

增強黑白對比
的彩色濾鏡

適用版本 Adobe Photoshop CC2015
參考範例 Example\06\Pic011.DNG

使用復古類型

1. 功能表「濾鏡」
   Nik Collection 選單
   執行「Silver Efex Pro2」
2. 單響「經典」按鈕
3. 單響「**000 中性**」縮圖
   玩彩色濾鏡
   中性基本款是很好的起點

加入喜愛類別

單響配方名稱前方的「☆」記號，便能將指定黑白影像配方，加入「喜愛」類別之中。

彩色參數

參數	說明
濾鏡種類	含括第一個預設的中性灰，與紅、橘、黃、綠、藍五組彩色濾鏡。
色　　調	可以直接拖曳滑桿，指定需要的濾鏡色調。
強　　度	範圍值 0% - 200% 之間。控制顏色濾鏡色調與套用強烈程度。

中性灰
Example\06\Pic011.DNG

紅色濾鏡
強度：150%

藍色濾鏡
強度：130%

07

Dfine / HDR
Sharpener Pro
Viveza

發掘
濾鏡的無限可能

2016/06/12, 10:09pm Nikon D610 薩拉曼卡主廣場
0.4 秒 f/11 ISO 250 海拔 801.63m Photo by 楊比比

Google 建議
使用 Nik 系列濾鏡的流程

連著幾個章節下來，相信同學對於 Photoshop 與 Nik 濾鏡的操作程序有了相當的認識，現在就是聽聽官方說法的時候囉！ Google 對於所有喜歡數位後製的夥伴提出了使用 Nik 系列濾鏡的建議，來聽聽看。

程序一、Sharpener Pro 3 (1) Raw Presharpener 銳利化影像

程序二、Dfine 2 抑制照片中明度與彩色雜點

程序三、Viveza 2 調整照片中的曝光、色調，與細節強度

程序四、Color Efex Pro 4 在照片中加入特殊濾鏡效果

程序五、Silver Efex Pro 2 將彩色照片轉換成層次豐富的黑白照片

程序六、Sharpener Pro 3 (2) Output Sharpener 依據輸出狀態銳利化影像

除了這六個能看懂，聽懂的程序之外，接下來網頁中的內容應該就是胡言亂語了，翻譯的人肯定沒睡醒，讓楊比比重新整理一次，同學也好有個概念。

特殊程序一、Analog Efex Pro 2 能獨立運作，建立照片特殊相機效果

特殊程序二、HDR Efex Pro 2 合併多張不同 EV 的照片，建立動態範圍影像

Nik 系列濾鏡的時代感

還記得萬人空巷的楚留香嗎？側身一轉彈指神功出手，那手勢、那帥氣，在那個年代是無人能敵的。但今天，2016 年了，什麼樣的妖魔鬼怪沒見過、什麼樣的特效玩不出來。這表示濾鏡發表時間影響濾鏡的運算能力。

搜尋一下（當然是使用 Google 查詢）不難發現 Viveza 2、Dfine 2、HDR Efex Pro 2，與 Sharpener Pro 3 都是 2009 到 2010 之間發表，2010 到 2016 這段時間並沒有進行大幅度的調整與更新。

楊比比建議
數位修片與濾鏡使用程序

會將 Viveza 2、Dfine 2、HDR Efex Pro 2，與 Sharpener Pro 3 濾鏡壓到最後是有道理的，雖說 Google 在 2016 年 3 月份免費釋放濾鏡，但這幾款濾鏡年代太久遠，表現不如 Camera Raw，因此楊比比建議同學這樣做。

程序一、Camera Raw 進行「變形校正、裁切、曝光、色偏、汙點移除」

程序二、Camera Raw 濾鏡進行「雜點移除」與「細部銳利化」

程序三、使用 Analog / Color / Silver Efex Pro 4 加入特殊濾鏡效果

Camera Raw 能取代 Viveza、Sharpener、Dfine、HDR

▲ Camera Raw「基本」面板提供色調與曝光控制
Camera Raw「細部」面板提供銳利化與明度、彩色雜訊的減少

Sharpener Pro 3 (1)
Raw Presharpener 銳利化

楊比比雖然比較推薦 Camera Raw，卻不能因為個人喜好影響了大家學習新濾鏡的權益；Sharpener Pro 3 (1) Raw Presharpener 是一套相當簡單且直覺的濾鏡，能在 RAW 格式中建立明確清晰的銳利化效果。

Raw Presharpener 整體控制程序

1. 啟動 Sharpener Pro 3 (1) Raw Presharpener 濾鏡
2. 維持「調適性銳利化」與「區域 / 邊緣銳利化」預設值
3. 依據照片 ISO 狀態指定「圖片品質」
4. 套用至整張圖片「100%」

同學也可以採用我們之前學過的方式，將「套用至整張圖片」調整為「0%」先關閉整體套用，使用「控制點」進行更為彈性的局部銳利化。

Sharpener Pro 3 (2) Output Sharpener 輸出銳利化

Sharpener Pro 3 (2) Output Sharpener 提供螢幕等五種輸出裝置的銳利化程序；兩套銳利化一前一後作用在照片中，似乎過分強烈了一些，因此楊比比建議，同學可以在了解兩套濾鏡之後，選擇一套使用。

Output Sharpener 控制程序

1. 啟動 Sharpener Pro 3 (2) Output Sharpener 濾鏡
2. 選取需要的輸出裝置 (顯示器、噴墨、連續調、半色調、混合裝置)
3. 面板中的參數配合輸出裝置進行調整
4. 使用「控制點」方式進行局部範圍的銳利化處理
5. 單響「添加控制點」按鈕
6. 單響編輯區增加控制點。由控制點上調整作用範圍與銳利化強度

Sharpener Pro 3(1)Raw Presharpener

薩拉曼卡主廣場 0.5sec f10 ISO 250 攝影：楊比比

Nik 銳利化濾鏡 RAW 格式適用

適用版本 Adobe Photoshop CC2015
參考範例 Example\07\Pic001.DNG

A > Sharpener Pro 3

1. 進入 Photoshop
   檔案以智慧型物件顯示
2. 功能表「濾鏡」
3. 選取 Nik Collection 選單
4. 執行「Sharpener Pro 3 (1) RAW Presharpener」
5. 單響「確定」按鈕

RAW Presharpener / Output Sharpener

RAW Presharpener 類似於 Photoshop 內建的銳利化濾鏡。Output Sharpener 則是依據輸出方式 (如印表機) 選擇銳利模式。

B> 檢視比例 100%

1. 單響「縮放工具」
2. 單響編輯區拉近畫面
3. 顯示比例為「100%」
   按著「空白鍵」不放
   能切換到手形工具
   拖曳調整照片顯示位置

檢視比例必須為 100%

「銳利化」與「雜點移除」都是很細微的濾鏡，使用這兩類濾鏡前，請同學們記得，先將檢視比例調整為 100%。

C> 工具控制

1. 控制點選取工具
   選取建立在編輯區的控制點
2. 縮放工具
   放大或是縮小照片顯示比例
3. 手形工具 (空白鍵)
   拖曳調整照片顯示位置
4. 變更照片背景顏色

縮放工具控制

以「縮放工具」單響編輯區，能放大顯示比例。按著 Alt 不放，使用「縮放工具」單響編輯區，能縮小顯示比例。

D> 區域銳利化

1. 調適性銳利化「50%」
2. 滑桿往「區域銳利化」方向拖曳
3. 影像中的每個細節都顯示明顯的銳利效果

調適性銳利化

用於控制濾鏡銳利化的程度。範圍值在「0 - 100」之間，數值越大，銳利化程度越明顯。

區域銳利化

依據「調適性銳利化」的強度，控制照片中的每個細微區域，比較容易產生影像裂化。

E> 邊緣銳利化

1. 調適性銳利化「50%」
2. 滑桿往「邊緣銳利化」方向拖曳
3. 影像交界邊緣處顯得更為銳利清晰

邊緣銳利化

依據「調適性銳利化」的強度，增加影像邊緣銳利的程度，能適度保護平滑區不受濾鏡作用；建議同學們使用銳利化時，往「邊緣銳利化」方向拖曳滑桿。

F> 銳利化套用在整張照片中

1. 調適性銳利化「50%」
2. 雙響銳利化範圍滑桿
   能使滑桿自動回到預設值
3. 圖片品質「正常」
4. 套用至整張圖片「100%」

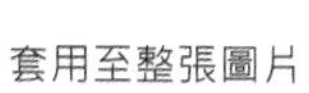

參數範圍在「0 - 100%」之間；當數值為「0」濾鏡完全不作用。若數值為「100%」則調適性銳利化中的數值作用在整張照片中。

G> 局部控制銳利化範圍

1. 套用至整張圖片「0%」
   關閉濾鏡的整體作用
2. 使用「控制點」模式
3. 單響「+」新增控制點
4. 單響編輯區增加控制點
   拖曳中心滑桿調整控制範圍

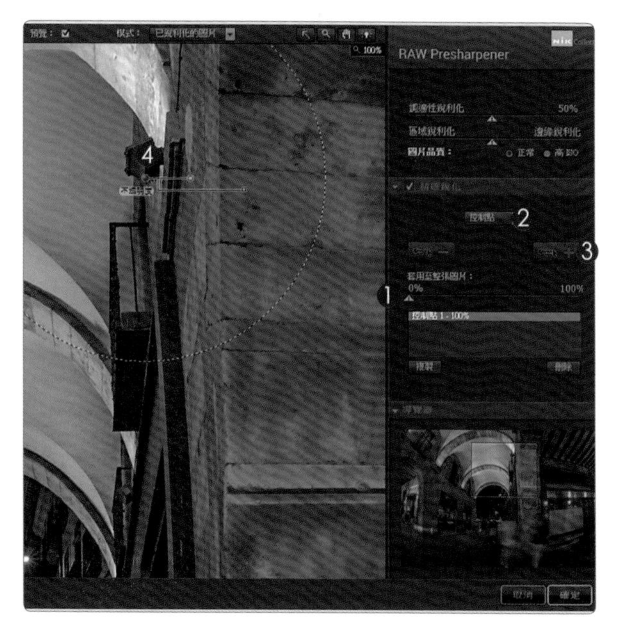

兩個新增控制點

新增控制點：預設濾鏡作用程度「0%」

新增控制點：預設濾鏡作用程度「100%」

Sharpener Pro 3(2)Output Sharpener

梅里達 古羅馬劇場 1/1000sec f5.6 ISO 100 攝影：楊比比

Nik 銳利化濾鏡 螢幕輸出適用

適用版本 Adobe Photoshop CC2015
參考範例 Example\07\Pic002.DNG

顯示器輸出銳利化

1. 功能表「濾鏡」
   Nik Collection 選單
   執行「Sharpener Pro 3(2)Output Sharpener」
2. 輸出銳利化設備「**顯示器**」
3. 取消「預覽」勾選
   觀察銳利化前後的差異

顯示器輸出銳利化是指？

只要照片顯示在螢幕上，例如 Facebook 或是電子相簿，都可以使用顯示器輸出銳利化。

顯示器輸出銳利化參數控制

調適性銳利化	範圍值 0% - 100% 之間。數值越大暗部越強烈。
輸出銳利化強度	範圍值 0% - 200% 之間。數值越大銳利化程度越明顯。
細節強度	範圍值「-100」到「+100」之間。 負值表示減少影像細節。正值則能增強邊緣清晰感。
局部對比度	範圍值「-100」到「+100」之間。 往負值方向拖曳滑桿，照片會罩上一層模糊的霧氣。 往正值方向拖曳滑桿，逐漸增強照片中明暗的對比。
焦點	範圍值「-100」到「+100」之間。 往負值方向拖曳滑桿，整張照片顯示失焦般的模糊感。 往正值方向拖曳滑桿，照片逐漸聚焦，數值越大越清晰。

雙響滑桿能使參數回復到預設值

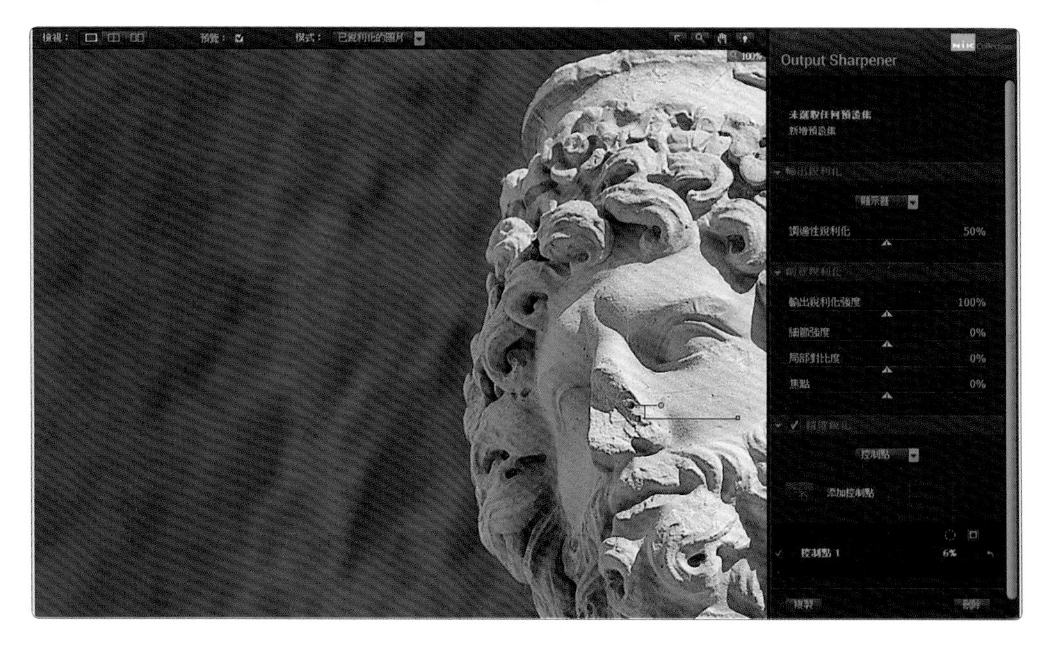

Sharpener Pro 3(2)Output Sharpener

格拉那達　1/400sec　f4　ISO 1250　攝影：楊比比

Nik 銳利化濾鏡
噴墨印表機輸出

適用版本　Adobe Photoshop CC2015
參考範例　Example\07\Pic003.DNG

噴墨印表機輸出銳利化

1. 功能表「濾鏡」
   Nik Collection 選單
   執行「Sharpener Pro 3(2)Output Sharpener」
2. 輸出銳利化設備「**噴墨**」
3. 取消「預覽」勾選
   觀察銳利化前後的差異

印表機銳利化

螢幕的觀看距離比較近，且螢幕有遮色效果，所以需要的銳利化程度比較低。輸出印表機則需要依據距離與紙張進行調整。

噴墨印表輸出銳利化參數控制

檢　視　距　離	觀看距離越遠，銳利化作用的強度越大。預設為「自動」。
紙　張　類　型	提供六種不同種類的紙張；紙張越光滑，銳利化程度越低。
印表機解析度	印表機能支援的解析度高，銳利化強度會自動降低。
輸出銳利化強度	範圍值 0% - 200% 之間。數值越大銳利化程度越明顯。
細　節　強　度	範圍值「-100」到「+100」之間。 負值表示減少影像細節。正值則能增強邊緣清晰感。
局　部　對　比　度	範圍值「-100」到「+100」之間。 往負值方向拖曳滑桿，照片會罩上一層模糊的霧氣。 往正值方向拖曳滑桿，逐漸增強照片中明暗的對比。
焦　　點	範圍值「-100」到「+100」之間。 往負值方向拖曳滑桿，整張照片顯示失焦般的模糊感。 往正值方向拖曳滑桿，照片逐漸聚焦，數值越大越清晰。

Sharpener Pro 3(2)Output Sharpener

薩拉曼卡 1/250sec f10 ISO 100 攝影：洪 懿德

批次
銳利化輸出處理

適用版本 Adobe Photoshop CC2015
參考範例 Example\07\Pic004.DNG

A> 新增動作組合

1. 單響「動作」按鈕
2. 開啟「動作」面板
3. 單響「新增組合」按鈕
4. 輸入組合名稱「銳利化」
5. 單響「確定」按鈕
6. 新增「銳利化」組合

沒有「動作」面板？

單響功能表「視窗」，便能找到「動作」面板。同學記得，Adobe 旗下軟體所有的面板都放在功能表「視窗」中，無一例外。

B> 新增動作

1. 單響「動作」面板
2. 單響「新增動作」按鈕
3. 輸入動作名稱「螢幕銳利化」
4. 放置在「銳利化」組合中
5. 單響「記錄」按鈕
6. 紅色記號表示開始錄製

銳利化動作組合中能放置很多動作

同學可以依據需求，錄製各種不同類型的銳利化動作，放置在「銳利化」組合資料夾中。

C> Sharpener Pro 3

1. 單響智慧型物件圖層
2. 功能表「濾鏡」
3. 選取 Nik Collection 選單
4. 執行「Sharpener Pro 3 (1) RAW Presharpener」
5. 單響「確定」按鈕

錄製記號維持紅色

紅色記號狀態下，能將所有的指令，包含目前的濾鏡，都記錄在動作面板中；同學可以按下「■」記號，暫停動作的錄製。

D> 顯示器輸出銳利化

1. 輸出設備「顯示器」
2. 檢視比例「100%」
3. 按著「空白鍵」不放
   拖曳檢視編輯區中的照片
4. 調適性銳利化「50%」
5. 輸入銳利化強度「72%」
6. 單響「確定」按鈕

參數不要太強烈

動作的錄製是要套用在很多照片上，因此參數的控制需要謹慎、數值不要太高，也請同學避免加入局部控制點。

E> 銳利化濾鏡錄製完成

1. 開啟「動作」面板
2. 紅色記號還亮著
3. 顯示錄製的銳利化濾鏡
4. 單響「■」停止按鈕
   結束動作錄製

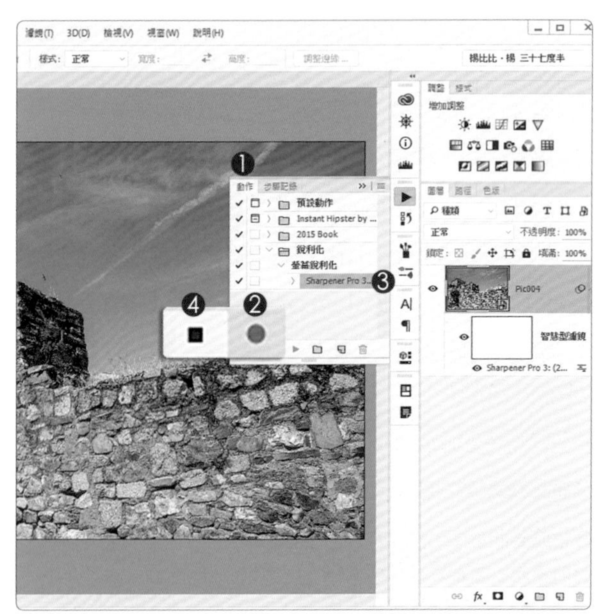

任何檔案都可以套用動作

試著開啟任何一個需要執行銳利化的檔案，選用動作面板中的「螢幕銳利化」，按下播放按鈕，便能套用動作。

F> 批次處理

1. 功能表「檔案」
2. 選取「自動」選單
3. 執行「批次處理」指令
4. 顯示批次處理對話框

準備好資料夾

請同學先將所有需要銳利化的照片放置在同一個檔案夾中，如果沒有適合的檔案，可以使用檔案夾 Example\07\Pic004_ 批次。

G> 指定套用動作檔案夾

1. 播放組合「銳利化」
2. 動作「螢幕銳利化」
3. 來源「檔案夾」
4. 單響「選擇」按鈕
   選取需要的檔案夾
5. 目的地「檔案夾」
6. 單響「選擇」按鈕
   指定檔案存放位置
7. 同學可以自訂檔案名稱
8. 單響「確定」按鈕

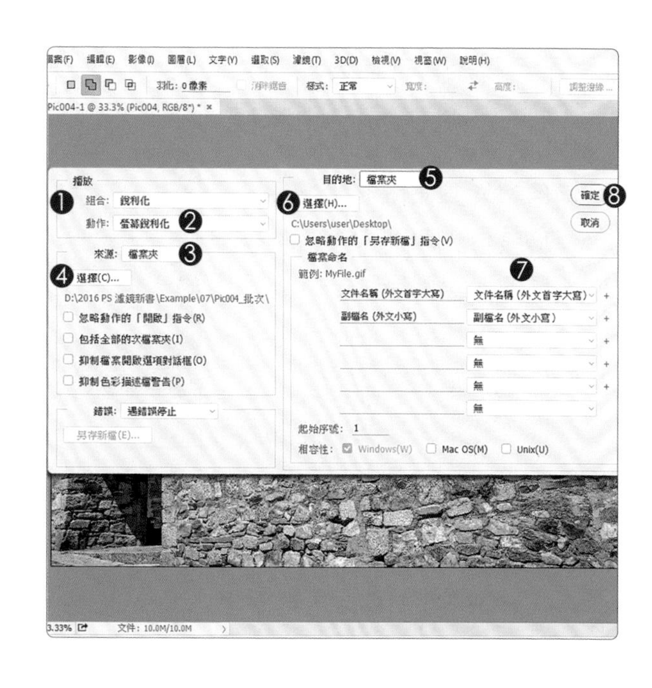

H> 開啟檔案

1. 開啟 Camera Raw
2. 顯示檔案名稱
3. 單響「開啟物件」按鈕

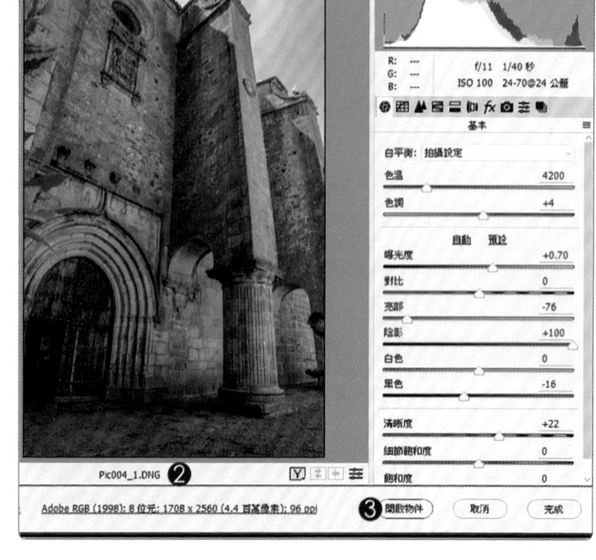

Pic004_ 批次檔案夾

檔案夾內有三個 DNG (Adobe 系統的 RAW 格式) 因此會自動開啟 Camera Raw。

I > 配合程序執行存檔

1. 進入 Photoshop
   圖層已經套用銳利化濾鏡
2. 存檔類型「TIFF」
3. 注意勾選「圖層」
4. 單響「存檔」按鈕
5. 影像壓縮「LZW」
6. 單響「確定」按鈕

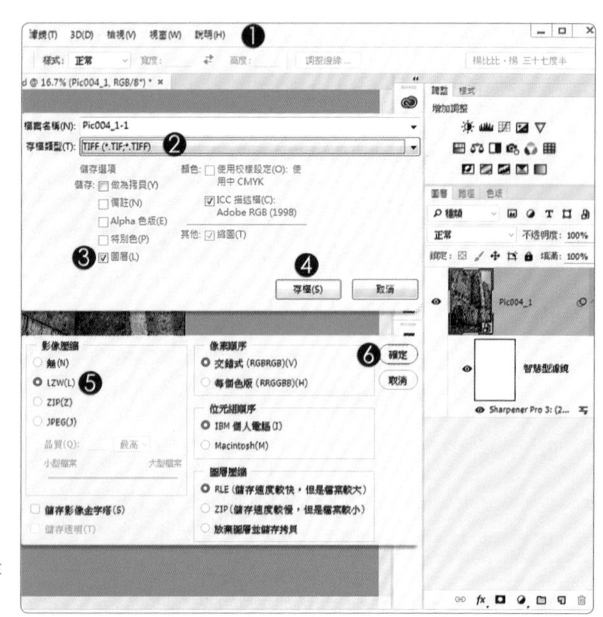

TIF 格式能記錄圖層資訊

只要有了能記錄圖層的 TIF，日後需要另存 PNG 或是 JPG 格式都很方便。

J > 繼續下一張

1. 開啟 Camera Raw
2. 顯示檔案名稱
3. 單響「開啟物件」按鈕

如果有 200 張怎麼辦？

這個問題就是楊比比留給同學的作業囉！請參考以下程序，自己先試試看。

--- 選取銳利化濾鏡
--- 單響錄製按鈕
--- 執行另存新檔

K > 先把程序執行完畢

1. 進入 Photoshop
   圖層已經套用銳利化濾鏡
2. 存檔類型「TIFF」
3. 注意勾選「圖層」
4. 單響「存檔」按鈕
5. 影像壓縮「LZW」
6. 單響「確定」按鈕

教學影片中有解答

很刺激吧（哈哈）記得打開隨書光碟，觀看當中的教學影片，答案就在裡面喔！

哥多華 羅馬古橋 14sec f11 ISO 100 攝影：洪 藝德

移除夜景長曝產生的雜點

適用版本 Adobe Photoshop CC2015
參考範例 Example\07\Pic005.DNG

A> 原尺寸檢視天空

1. 進入 Photoshop
2. 檔案以智慧型物件顯示
3. 雙響「縮放顯示工具」
   檢視尺寸調整為 100%
   按著「空白鍵」不放
   拖曳照片檢視天空

夜景雜點

夜景通常需要長時間曝光，而長曝的「熱」容易導致 CCD 或 CMOS 產生「紅藍彩色的熱燥點」與「灰色」的明度雜點。

B> 啟動 Dfine 2

1. 功能表「濾鏡」
2. 選取 Nik Collection 選單
3. 執行「Dfine 2」
4. 單響「確定」按鈕

面對這些同學熟到不能再熟的程序，楊比比就不囉嗦了，只是提醒一句，Dfine 2 雖說有點老舊，但面對夜景與高 ISO 所產生的雜點（雜點還是雜點），表現還算可圈可點。

C> 自動抑制雜點

1. 雜訊抑制「測量」
2. 方法「自動」
3. 編輯區自動產生測量矩形

可以直接按「確定」收工囉

試著使用「縮放工具」單響編輯區，以原尺寸 100% 檢視天空，可以發現，單單「自動」偵測，雜點已經少很多，細節也保留得不錯。

D> 刪除測量區

1. 單響「選取工具」
2. 單響選取測量矩形
   按下鍵盤「Del」刪除矩形
3. 使用選取工具
   拖曳調整測量矩形
   偵測範圍與偵測位置

測量矩形放在哪裡比較好？

就這張圖來說，偵測天空肯定比偵測橋面理想；漸層色調的天空，雜點比較明顯；橋面結構複雜，即便有雜點也不容易看出來，建議同學將測量矩形放在結構簡單的區域。

E> 手動方式

1. 使用「選取工具」
   調整測量矩形後
   方式即會轉為「手動」
2. 取消「預覽」勾選
   檢視雜點抑制前後的差異

手動、自動哪一個好？

熱燥點與雜點相當明顯的照片，楊比比偏向使用「手動」，自己指定要減緩的雜點區域。

F> 增加測量矩形

1. 確認方法是「手動」
2. 單響增加測量矩形按鈕
3. 橋面平滑處拖曳拉出矩形
4. 單響「測量雜訊」

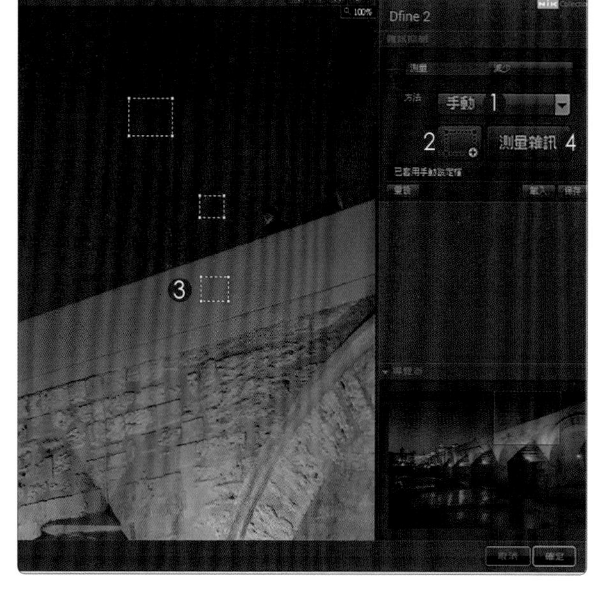

偵測新增測量矩形範圍內的雜點

拉出新的「測量矩形」、移動測量矩形的位置，或是調整測量矩形的範圍後，記得單響「測量雜訊」，Dfine 便會依據目前所選取的「測量矩形」重新進行雜點抑制的動作。

G> 指定套用動作檔案夾

1. 單響「分割預覽」按鈕
   編輯區顯示左右分割照片
2. 左側為原圖
3. 右側為雜點抑制後的狀態
   按著「空白鍵」不放
   拖曳檢視照片的各個部分
4. 單響「確定」結束濾鏡

還真是不能小看 Dfine 2

簡單、直覺，雜點抑制能力也不錯，又能適度保護影像細節，阿桑之前應該沒有說 Dfine 的壞話吧（趕快翻頁看看）。

梅里達 城區　1/13sec　f3.2　ISO 2000　攝影：莊 祐嘉

移除高 ISO 產生的雜點

適用版本　Adobe Photoshop CC2015
參考範例　Example\07\Pic006.DNG

A > 啟動 Dfine 2

1. 進入 Photoshop
   單響智慧型物件圖層
2. 功能表「濾鏡」
3. 選取 Nik Collection 選單
4. 執行「Dfine 2」
5. 單響「確定」按鈕

雜點分兩類：色彩與灰色

沒錯！如果細看，照片中灰灰的小點，稱為「明度雜點」；花花綠綠的小點稱為「色彩」或「顏色雜點」，Dfine 能針對這兩類的雜點，進行整體與局部移除。

B> 預設為「自動」模式

1. 雜訊抑制預設為「測量」
2. 方法「自動」
3. 編輯自動顯示測量矩形

說句大實話，如果沒有太特別的要求，一般的夜景，與高 ISO 的照片，只要使用「自動」模式，或是略為調整測量矩形的位置，就可以單響「確定」閃人了（超方便）。

C> 換個雜點抑制程序

1. 雜訊抑制「減少」
2. 方法「控制點」
3. 對比雜訊（灰色的小點）
   預設為 100%
4. 色彩雜訊（花花綠綠的小點）
   預設為 100%

目前的兩組參數作用範圍是？

沒有指定「控制點」的狀態下，對比雜訊與色彩雜訊兩組參數，會抑制整張照片的雜點。

D> 新增控制點

1. 單響「+」新增控制點按鈕
2. 單響人物後方的牆面
   新增控制點
3. 對比雜訊與色彩雜訊
   自動降為「0%」
4. 拖曳中央控制點調整範圍
5. 拖曳下方控制滑桿調整
   對比與色彩雜訊

加入控制點後自動關閉整體控制

對比雜訊與色彩雜訊降低為「0%」，等同於關閉雜訊抑制的整體作用，僅由控制點進行雜訊控制的局部調整。

E> 加入整體雜訊抑制

1. 雜訊抑制「減少」
2. 控制點存在於編輯區
3. 對比雜訊「50%」
4. 色彩雜訊「50%」

適度開啟整體雜點抑制功能

雜訊抑制「減少」模式中，不僅能使用控制點局部控制雜點，還可以提高對比雜訊與色彩雜訊的數值，進行整體雜點抑制。

F> 增加無效果控制點

1. 單響「-」按鈕新增控制點
2. 單響人物臉部加入控制點
3. 拖曳中央滑桿調整控制範圍
4. 下面兩個控制滑桿數值為 0

Dfine 控制點分為兩種

新增控制點：預設雜點抑制程度「0%」

新增控制點：預設雜點抑制程度「100%」

G> 複製同性質的控制點

1. 按著 Alt 按鍵不放
   拖曳控制點到右側
   人物的臉部
2. 繼續按著 Alt 鍵不放
   拖曳控制點到左側臉部
   人物臉部三組控制點
   都具有相同的範圍與數值

刪除控制點

以單響視窗上方的「選取工具」（紅圈處）拖曳框選編輯區中的控制點，再單響「刪除」（紅框）便能移除所有選取的控制點。

HDR Efex Pro 2

隆達 1/6sec f8 ISO 100 攝影：楊比比

HDR
高動態攝影濾鏡

適用版本 Adobe Photoshop CC2015

參考範例 Example\07\Pic007_HDR\

A> 選取 HDR 合併的檔案

1. 開啟 Adobe Bridge
2. 檔案夾 07\Pic007_HDR
3. 拖曳選取三個檔案
4. 縮圖上單響滑鼠右鍵
   選取「Google」
5. Merge to HDR Efex Pro 2

Adobe Bridge 中沒有 HDR Efex Pro 2 ?

可能是 Adobe Bridge 更新後，遺失了與 Google Nik 之間的連結，建議同學重新安裝 Google Nik 就能恢復正常。

B> 確認來源檔案

1. 顯示來源檔案名稱
2. 勾選「建立智能對象」
3. 單響「合併對話框」按鈕

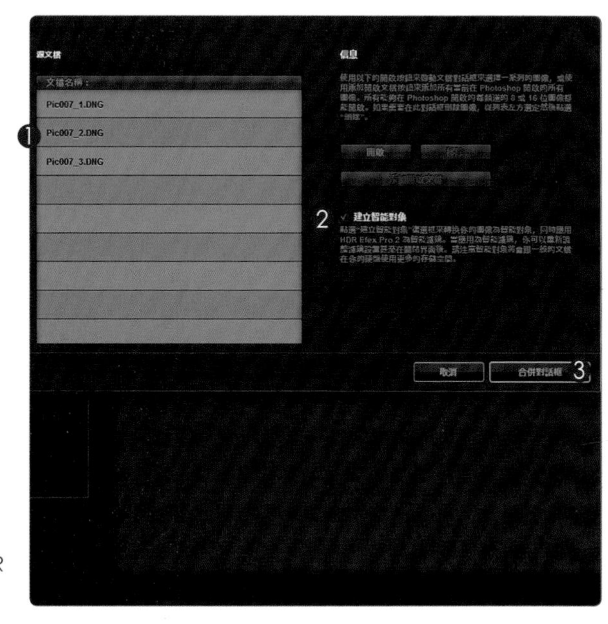

智能對象是什麼？

就是「智慧型物件圖層」，完成合併的 HDR 檔案，會轉換為「智慧型物件圖層」。

C> 影像合併程序

1. 勾選「對準」
2. 勾選「減少鬼影」
3. 勾選「色差」
4. 預設鬼影參考檔案

什麼是「鬼影」？

合併多張「HDR」照片時，為避免雲彩、樹葉、或是人影間的位移差，可以選擇一個檔案作為主要的參考圖，移除影像之間可能產生的晃動，這些晃動就稱為「鬼影」。

D> 調整鬼影參考圖像

1. 單響縮圖變更鬼影參考圖
2. 拖曳滑「明暗滑桿」
   檢視照片亮部細節
3. 單響「建立高動態
   範圍攝影」按鈕

明暗滑桿

只是用來檢視 HDR 合併後的亮部、暗部的細節，並不會影響 HDR 合併之後的曝光狀態。

E> 啟動 HDR Efex Pro 2

1. 顯示 HDR Efex Pro 2 視窗
2. 記得開啟左側面板
3. 預設資料庫內建 28 種配方
4. 編輯區顯示合併狀態

HDR Efex Pro 2 顯示合併後的平均色階

看起來好像沒有層次對不對，這就是「平均色階」；HDR Efex Pro 2 相當忠實，合併後忠實傳達平均的色彩階層；至於吸引人的效果，就放置在左側面板的配方裡。

F> 選用配方

1. 單響類別「景觀」按鈕
2. 單響「☆ 26 - 黑角」縮圖
3. 展開右側面板

將配方加入「喜愛」類別

請單響名稱前方的「☆」記號，變更為「★」後，就能在「喜愛」類別中找到。

G> 色調壓縮面板

色調壓縮：控制照片亮部階層的明亮程度；數值越小越亮。

方法強度：控制照片邊緣的細節呈現。數值越大細節越明顯。

深度：由左至右分為「關閉、細緻、正常、強」四個等級。

細節：由左至右分為「柔和、實際、突出、詳細、蹩腳」。

戲劇性：由左至右分為「平坦、自然、深沉、灰溜溜、清脆、紋理」六個等級。

H> 調性面板

攝影圖像：控制影像中間調的曝光，數值越大亮度越高。

陰影 / 亮點：控制色階中「陰影」與「亮部」的畫素分布。

對比度：控制影像中間調的色調對比程度。數值越高越強烈。

黑色 / 白色：控制色階中「黑色」與「白色」的畫素分布。

細節強度：範圍值 -100 到 100 之間。數值為正時，對於亮部細節的呈現比較明顯。

I > 顏色面板

飽和度：範圍在 -100 到 100 之間，數值越大，顏色濃度越高。

溫度：相當於一般冷調與暖調的「色溫」控制。

色彩：類似於 Camera Raw 補色的「綠、紫」色調。

展開面板 / 重設面板參數

單響面板任何區域即能展開面板

單響重設圖示能恢復面板內的參數預設值

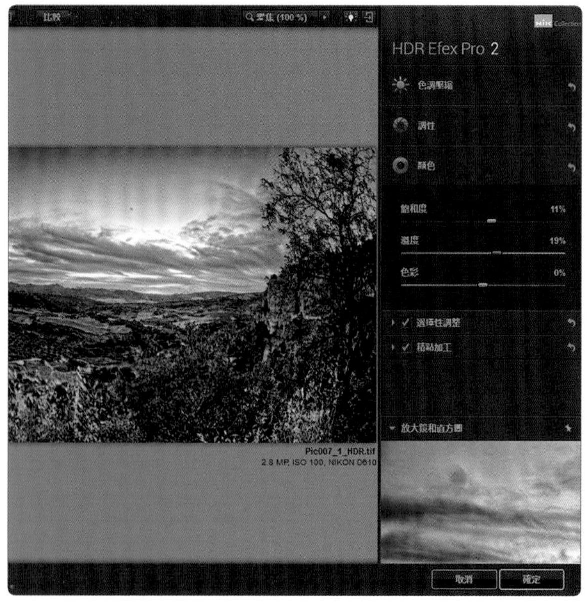

J > 選擇性調整面板

1. 開啟「選擇性調整」面板
2. 單響「○」控制點按鈕
3. 單響編輯區增加控制點
4. 單響箭頭展開局部控制項目
5. 單響「確定」按鈕

局部控制參數

控制點內提供「調性」與「顏色」面板中所有的參數，同學可以比對前面的說明。

精點加工面板

提供「黑角」、「漸層減光鏡」與「色階曲線」都是我們之前玩過的項目，同學可以試試。

K > 色彩深度 32 位元

1. 檔案標題顯示色彩深度 32
2. 功能表「濾鏡」
3. 部分濾鏡不能使用
4. 選取「Nik Collection」
5. 只有 HDR 濾鏡能用

Photoshop 支援 8 位元的 RGB

Photoshop 必須在 8 位元，且色彩模式為 RGB 的狀態下，才能完整使用內部的所有工具、面板、指令，與濾鏡（超級重要）。

L> 合併濾鏡進圖層

1. 圖層名稱上單響右鍵
2. 執行「轉換為智慧型物件」
3. 智慧型濾鏡合併進圖層

不能直接改變色彩深度嗎？

萬萬不可呀！ 32 位元的 HDR 濾鏡降為 8 位元，轉出來的顏色，肯定讓一票人暈倒；聽楊比比的勸，以上述的方式將濾鏡合併進智慧型物件圖層後，再變換色彩深度。

M>轉換色彩深度

1. 濾鏡合併後的圖層
2. 功能表「影像」
3. 選取「模式」選單
4. 執行「8 位元 / 色版」
5. 單響「不要合併」按鈕

可以使用「合併」嗎？

萬萬不可呀！單響「合併」按鈕後，會啟動 Photoshop 內建的「HDR 色調」功能，大幅影響 HDR Efex Pro2 所建立的色調與層次。

N> 有一個好大的斑點

1. 單響「新增圖層」按鈕
2. 上方新增空白圖層
3. 單響「汙點修復筆刷工具」
4. 不用管前景色或背景色
5. 適度調整筆刷尺寸
6. 勾選「取樣全部圖層」
7. 拖曳塗抹照片上的斑點

智慧型圖層不能使用汙點修復工具

所以新增一個空白圖層，並啟動「取樣全部圖層」，讓筆刷偵測所有存在於編輯區中的畫素後，再進行修復，很厲害吧！

O> 使用 Dfine 減少雜點

1. 單響智慧型物件圖層
2. 功能表「濾鏡」
3. 選取「Nik Collection」
4. 執行「Dfine 2」
5. 雜訊抑制「測量」
6. 方法「自動」

還是推薦 Camera Raw

HDR 的照片使用 Camera Raw 合併的效果比較自然，色調也不會這麼強烈；HDR Efex Pro 2 內建的配方衝擊性太強，不推薦。

解決 Adobe Bridge 沒有 HDR Efex Pro 2

首先，必須確認 Google Nik 系列濾鏡是在 Adobe Bridge 之後安裝的，如果中間曾經更新，或是重新安裝 Adobe Bridge，便會失去與 Google Nik 濾鏡之間的連結，因此無法在 Bridge 中顯示 HDR Efex Pro 2 的選項。

結論：Adobe Bridge 更新後，必須重新安裝 Google Nik，才能建立連結。

啟動 HDR Efex Pro 2 指令碼

1. Adobe Bridge 程式中
2. 功能表「編輯」
3. 執行「偏好設定」指令
4. 類別「啟動指令碼」
5. 確認勾選「HDR Efex Pro 2」
6. 單響「確定」按鈕

   重新啟動 Adobe Bridge

Photoshop 也能執行 HDR Efex Pro 2

「阿桑！我的電腦裡面沒有 Adobe Bridge 耶！是不是不能執行 HDR Efex Pro 2 ？」沒有 Adobe Bridge，那應該有 Photoshop 吧！（用力點頭）有 Photoshop 就行；來看看如何在 Photoshop 中啟動 HDR Efex Pro 2。

Photoshop 指令位置：功能表「檔案 - 自動」Merge to HDR Efex Pro 2

Photoshop 中啟動 HDR Efex Pro 2

1. Photoshop 程式中
2. 功能表「檔案」
3. 選取「自動」選單
4. Merge to HDR Efex Pro
5. 單響「開啟」按鈕
   選取需要合併的檔案
6. 單響「合併對話框」

HDR Efex Pro 2

隆達 1/800sec f4.0 ISO 100 攝影：洪懿德

單張照片
建立 HDR 風格

適用版本 Adobe Photoshop CC2015
參考範例 Example\07\Pic008.DNG

A > HDR Efex Pro 2

1. 進入 Photoshop Pic008 智慧型物件顯示
2. 功能表「濾鏡」
3. 選取 Nik Collection 選單
4. 執行「HDR Efex Pro 2」

怎麼沒有「注意」對話框？

HDR Efex Pro 沒有畫筆功能，所以不會顯示「注意」對話框。簡單的說「智慧型物件圖層」就是 HDR Efex Pro 濾鏡的菜色。

B> 選用配方

1. 單響類別「實際」
2. 單響「☆ 04- 深沈 2」
3. 編輯區顯示套用的配方
4. 右側顯示五項控制面板

HDR Efex Pro 配方翻譯很有趣

試著單響類別「不可思議」按鈕，可以發現一組名為「老太婆的閣樓」的配方，老太婆的閣樓，實在太幽默，哈哈！

C> 照片周圍加入黑角

1. 開啟「精點加工」面板
2. 展開「黑角」項目
3. 黑角模式「鏡片 1」
4. 單響放置中心按鈕
5. 單響編輯區指定中心
6. 拖曳「數量」增強黑角
   數值約為「-20%」

黑點放置中心

單響編輯區後，HDR 並不會顯示放置中心的記號（這很討厭），我們僅能由「數量」滑桿，進行暗角增強，才能感受到位置的差異。

D> 漸層減光鏡

1. 上調性「-0.35」級
2. 中間漸層淡化混合「52」
3. 垂直位移「-50」

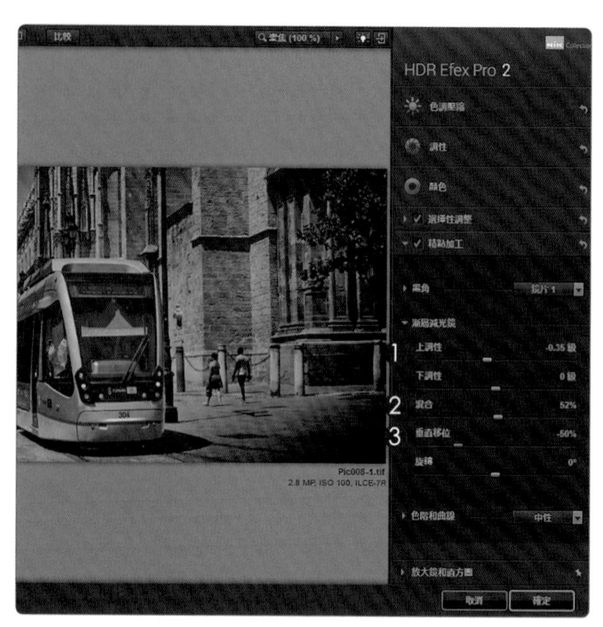

重設參數 / 回復上一個步驟

Google Nik 與 Camera Raw 重設單一參數的做法相同，只要雙響滑桿，就能使滑桿回到預設位置，參數也會回復預設值。

Google Nik 系列中的所有濾鏡，都可以使用快速鍵 Ctrl + Z，回到上一個步驟。

E> 色階和曲線

1. 展開「色階和曲線」項目
2. 模式「鮮明對比」
3. 控制方式「亮度」
4. 向上拖曳控制點增加亮度
5. 單響「確定」結束濾鏡

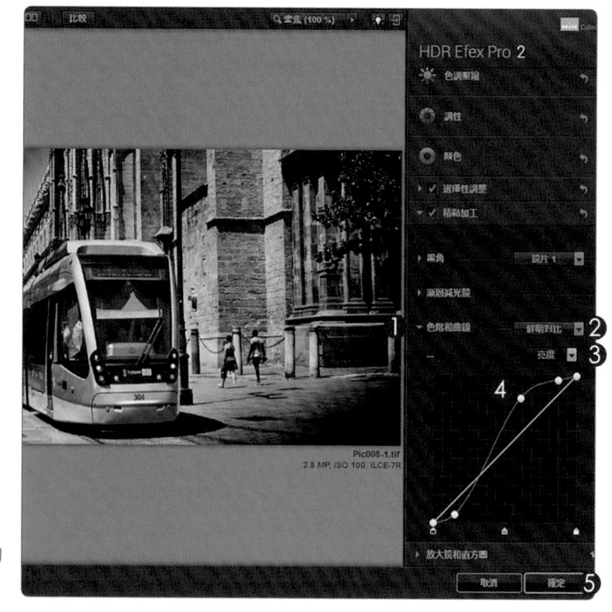

同學可以把 HDR Efex Pro 2 當作一款特殊的濾鏡，並非一定要結合多張照片才能玩。

F> 檢視顏色深度

1. 新增 HDR Efex Pro 2 智慧型濾鏡圖層
2. 檔案標題欄中顯示色彩模式為 8 位元的 RGB

結合多個檔案才會是 32 位元

由 Adobe Bridge 中選取多個檔案，結合為 HDR 高動態範圍的影像，才會以 32 位元的格式進行處理，也才需要進行前一個練習的轉換，與色彩位元深度的變更。

G> 還記得混合模式吧

1. 雙響濾鏡混合選項圖示
2. 模式「覆蓋」
3. 不透明「62%」
4. 單響「確定」按鈕

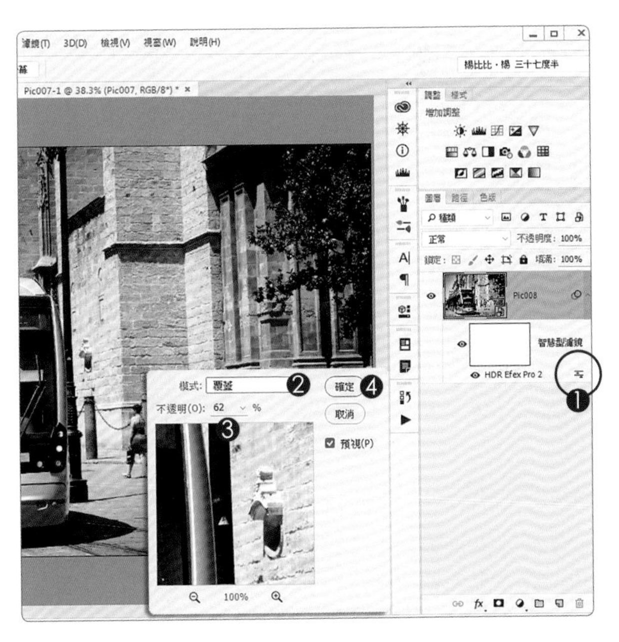

智慧型濾鏡還有遮色片與重複編輯的功能

使用筆刷工具遮住濾鏡作用；還可以淡化喔

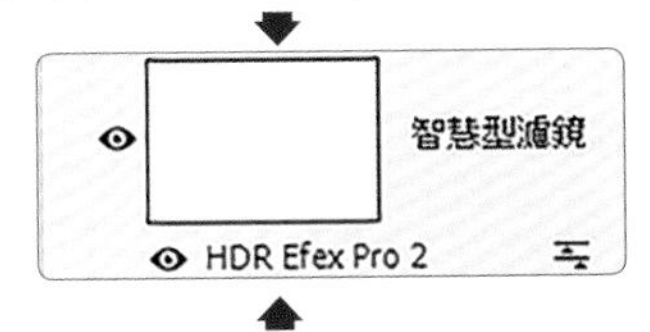

雙響濾鏡名稱，回到濾鏡中再次編輯參數

Viveza 2

薩拉曼卡 1/25sec f11 ISO 100 攝影：莊祐嘉

直覺修圖法 Viveza 濾鏡

適用版本 Adobe Photoshop CC2015
參考範例 Example\07\Pic009.DNG

A＞啟動 Viveza 2

1. 進入 Photoshop
   Pic009 智慧型物件顯示
2. 功能表「濾鏡」
3. 選取 Nik Collection 選單
4. 執行「Viveza 2」
5. 單響「確定」按鈕

Viveza 怎麼發音？

根據 Google 的解釋「Viveza」是西班牙文，有「生動活潑」的意思；中文很難表示發音，同學找時間聽聽 Google 翻譯吧！

B> 提供 10 項參數控制

1. 單響「重設」按鈕
2. 所有參數歸零
3. 預設模式為「全域」
4. 滑桿全部「展開」

Viveza 控制方式分為「全域」與「局部」

全域表示控制範圍為「整張照片」；局部則是以 Google Nik 慣用的「控制點」進行局部區域的明暗與色調控制。

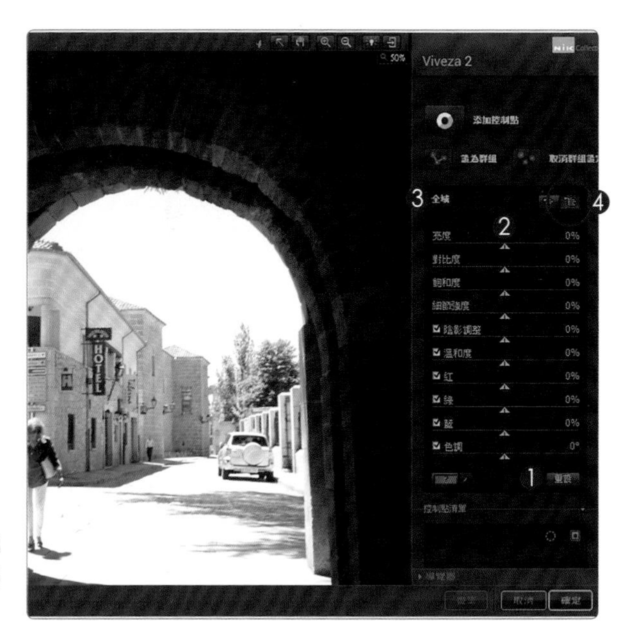

C> 提高暗部亮度

1. 向右拖曳「陰影調整」滑桿
   能增加暗部的亮度
   數值大約為「100%」
2. 向右拖曳「細節強度」滑桿
   能增加亮部與暗部的反差
   數值大約為「25%」

聊一下「細節強度」

同學可以試著先雙響「陰影」滑桿(數值0%)使數值恢復預設值。再向右拖曳「細節強度」便能發現，細節強度能增加色階中「黑色」與「白色」兩個階層的畫素，使其產生明顯的反差，增加影像的立體程度。

D> 局部控制

1. 單響「添加控制點」
2. 單響拱門中央建立控制點
3. 拖曳控制點中第一桿滑桿
   調整控制作用範圍
4. 模式變為「局部」
5. 滑桿全部「展開」
6. 降低亮度為「-35%」

目前所有的控制滑桿都歸控制點管

建立控制點之後，模式會由「全域」轉換為「局部」，面板中滑桿所調整參數，只會影響編輯區中的圓形控制區域。

E> 切換為全域模式

1. 單響控制點以外的編輯區
   取消控制點的選取
2. 模式變更為「全域」
   全域狀態下面板中的滑桿
   控制整張照片的明暗曝光
3. 單響「確定」結束濾鏡

五組曝光控制參數

Viveza 面板中提供「亮度」、「對比度」、「飽和度」、「細節強度」與「陰影調整」五組控制影像明暗與曝光的參數。

F> 檢視 Viveza 處理的結果

1. 新增 Viveza 智慧型濾鏡
2. 編輯區顯示完成的結果
3. 單響「眼睛」圖示關閉濾鏡
4. 關閉之後的圖層

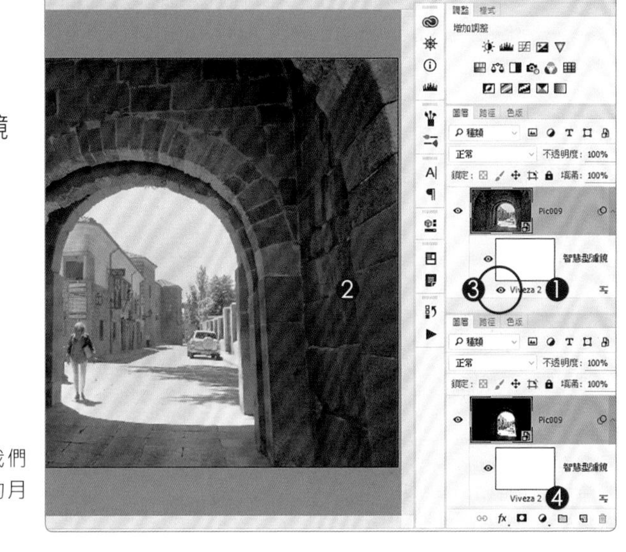

比較 Camera Raw 誰比較強？

對於擁有 Photoshop CC 2015 系列的我們來說，當然得比一下，每個月 320 大洋的月租費可是真金白銀耶！來比比看吧！

G> 啟動 Camera Raw

1. 確認關閉 Viveza
2. 功能表「濾鏡」
3. 執行「Camera Raw 濾鏡」

濾鏡功能表最上面有個 Viveza 2？

濾鏡功能表最上方會顯示「最後使用過的濾鏡」，方便我們使用相同的參數，進行重複套用。Viveza 剛剛才使用過，所以顯示在功能表「濾鏡」選單的最上方。

H> 提高暗部亮度

1. 基本面板中
2. 向右拖曳「陰影」滑桿
   增加暗部亮度
   數值約為「+95」

Camera Raw 濾鏡少了鏡頭校正？

因為 Photoshop 內建「鏡頭校正」濾鏡，所以 Camera Raw 濾鏡的「鏡頭校正」面板中僅提供色差控制。

I > 檢視過曝區域

1. 單響亮部超出色域記號
2. 以紅色標示過曝範圍

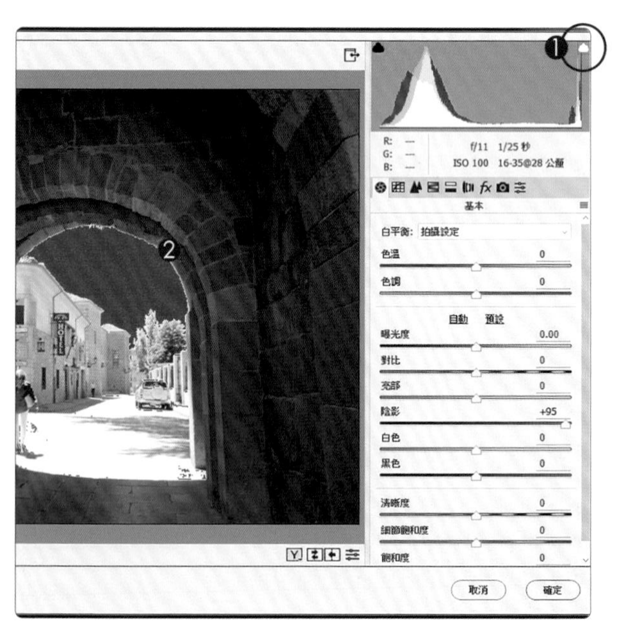

超出色域記號

色階圖左右兩側皆有一個超出色域記號，用於標示「暗部」與「亮部」超出色階的區域。

黑色：表示正常，沒有範圍超出色域。

白色：表示多組色版同時超出色域。

J > 調整亮度曝光與細節

1. 向左拖曳「亮部」滑桿
   將亮部畫素逐漸拉回色階
   數值約為「-25」
2. 超出色域記號顯示「黑色」
   單響記號關閉檢視狀態
3. 向右拖曳「清晰度」滑桿
   增加照片細節強度
   數值大約為「+50」
4. 注意不要使記號變色
5. 單響「確定」結束濾鏡

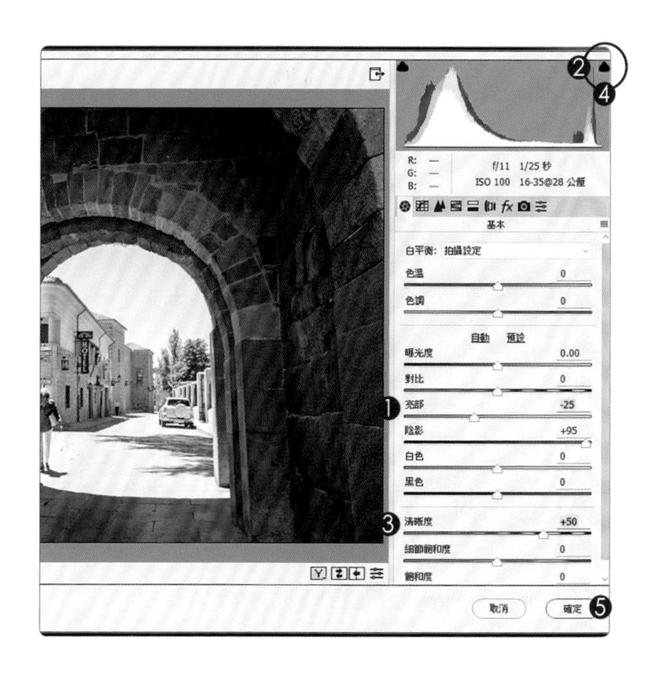

K > 檢視 Camra Raw 濾鏡

1. 新增 Camera Raw 濾鏡
2. 編輯區顯示套用之後的結果

Camera Raw 大勝

我們提高陰影亮度、降低亮部過曝、增加照片細節對比，相同的程序，Camera Raw 不論是色調控制、細節保留與調整的方便性都優於 Viveza，幾乎是完勝。

Viveza 2

塞哥維亞 1/25sec f2.8 ISO 1250 攝影：莊祐嘉

絕對精準
Viveza 白平衡

適用版本 Adobe Photoshop CC2015
參考範例 Example\07\Pic010.DNG

A > 啟動 Viveza 2

1. 開啟 Pic010.DNG
   以智慧型物件方式
   進入 Photoshop
   由功能表「濾鏡」
   選取 Nik Collection 選單
   執行「Viveza 2」
2. 單響「重設」按鈕
   確認所有參數歸零
3. 單響「添加控制點」
4. 單響編輯區加入控制點

B> 指定白平衡顏色

1. 單響控制點取樣色調
2. 顏色檢視器中單響右上角
3. 或是輸入色碼 FFFFFF
   表示「白色」
4. 單響「確定」按鈕
5. 顯示該區域校色後的狀態
6. 略微降低亮度「42%」

太神奇了

控制點直接套用「白色」，還有甚麼比這個方式更精準，而且還不影響其他區域的顏色，同學們記住這個功能，太神了！

C> 複製控制點

1. 按著 Alt 不放
   拖曳控制點到天花板
2. 複製出第二個控制點
3. 參數相同
4. 白平衡也相同

一版：2016.07.22 04:12pm
二版：2016.07.25 07:25pm

最彈性、最直覺的白平衡

Viveza 不敢說是史上最強白平衡，卻是楊比比使用過最彈性、最聰明的白平處理程序。

謝謝同學們的選購

現在可以準備收工囉！別忘了，楊比比部落格，每週一出刊！記得觀看每週新教學喔！

楊比比的 Photoshop 濾鏡編修：工作效率與照片特色平衡的關鍵

作　　者：楊比比
企劃編輯：林慧玲
文字編輯：江雅鈴
設計裝幀：張寶莉
發 行 人：廖文良

發 行 所：碁峰資訊股份有限公司
地　　址：台北市南港區三重路 66 號 7 樓之 6
電　　話：(02)2788-2408
傳　　真：(02)8192-4433
網　　站：www.gotop.com.tw
書　　號：ACU074500
版　　次：2016 年 08 月初版
建議售價：NT$390

國家圖書館出版品預行編目資料

楊比比的 Photoshop 濾鏡編修：工作效率與照片特色平衡的關鍵
/ 楊比比著. -- 初版. -- 臺北市：碁峰資訊, 2016.08
面；　公分
ISBN 978-986-476-153-1(平裝)
1.數位影像處理　2.數位攝影
952.6　　105014813

讀者服務

- 感謝您購買碁峰圖書，如果您對本書的內容或表達上有不清楚的地方或其他建議，請至碁峰網站：「聯絡我們」\「圖書問題」留下您所購買之書籍及問題。(請註明購買書籍之書號及書名，以及問題頁數，以便能儘快為您處理)
http://www.gotop.com.tw

- 售後服務僅限書籍本身內容，若是軟、硬體問題，請您直接與軟體廠商聯絡。

- 若於購買書籍後發現有破損、缺頁、裝訂錯誤之問題，請直接將書寄回更換，並註明您的姓名、連絡電話及地址，將有專人與您連絡補寄商品。

- 歡迎至碁峰購物網
http://shopping.gotop.com.tw
選購所需產品。